VoIP

Telefonieren über das Internet

Hessen-Media Band 56

2. Auflage

Sascha Wilms

**Hessisches Ministerium für Wirtschaft,
Verkehr und Landesentwicklung**

HA Hessen Agentur GmbH
Hessen-IT
Abraham-Lincoln-Straße 38-42
65189 Wiesbaden

Telefon 0611 774-8481
Telefax 0611 774-8620
E-Mail info@hessen-it.de
Internet www.hessen-it.de

eco - Verband der
deutschen Internetwirtschaft e.V.
Lichtstraße 43h
50825 Köln

Telefon 0221 700048-0
Telefax 0221 700048-11
E-Mail info@eco.de
Internet www.eco.de

Redaktionsteam:
Sascha Wilms
Sven Karge
Harald A. Summa
Gabriele Gottschalk
Jens Fischer-Kottenstede
Wolf-Martin Ahrend
Christian Flory

in Zusammenarbeit mit Hessen-IT

Layout / Satz: WerbeAtelier Theißen, Lohfelden
Druck: Werbedruck Schreckhase, Spangenberg

Alle Bilder erscheinen mit freundlicher
Genehmigung der genannten Quellen.

ISBN 978-3-939358-56-5

Bibliografische Informationen der Deutschen
Bibliothek: Die Deutsche Bibliothek verzeichnet
diese Publikation in der Deutschen Nationalbibliografie; detaillierte bibliografische Daten sind
im Internet über http://dnb.ddb.de abrufbar.

VoIP (Voice over Internet Protocol), das Telefonieren über das Internet baut sich mehr und mehr als Alternative zur bisherigen Fernsprechtechnologie auf. Einsparungen von Telefonentgelten für die Kunden werden vorausgesagt und aufgrund dieser Kostensenkungen wird bereits ein Wandel des gesamten Telekommunikationsmarktes prophezeit.

Die vorliegende Veröffentlichung gibt Ihnen einen Leitfaden an die Hand, wie Sie VoIP im Unternehmen einsetzen können. Dabei wird die Internet-Telefonie differenziert durchleuchtet und nicht nur auf Chancen, sondern auch auf Risiken eingegangen.

Neben der Kostensenkung liegen die Vorteile der neuen Technologie in der Integration verschiedener Anwendungen, wie beispielsweise Videokonferenzen oder Schnittstellen mit anderen Anwendungen wie Adressdatenbanken. Es ergeben sich ganz neue Möglichkeiten der Kommunikation. Mit den Vorteilen gehen aber auch Nachteile einher. Bei ungenügender Bandbreite muss unter Umständen mit Einbußen der Sprachqualität gerechnet werden. Darüber hinaus sollte bei VoIP, wie bei anderen Internet-Anwendungen auch, eine hohe Sicherheit garantiert werden, um beispielsweise Zugriffen Dritter zuvor zu kommen.

Das Land Hessen will mit dieser Veröffentlichung Transparenz in diesem noch jungen Markt schaffen und kleinen und mittleren Unternehmen Ansätze zeigen, wie die interne und externe Kommunikation durch den Einsatz moderner Technologien optimiert werden kann.

Alois Rhiel

Dr. Alois Rhiel, Hessischer Minister für
Wirtschaft, Verkehr und Landesentwicklung

VoIP

Telefonieren über das Internet

Schriftenreihe Hessen-Media: Neuerscheinungen

2007

In modernen Märkten überleben – Kooperationen mittelständischer Softwareunternehmen in Hessen

Web 2.0 – Neue erfolgreiche Kommunikationsstrategien für kleine und mittlere Unternehmen

Die Gamesbranche – ein ernstzunehmender Wachstumsmarkt

2006

IKT-Markt in Hessen

Internet-Marketing nicht nur für kleine und mittlere Unternehmen

Basel II – Rating für IT-Unternehmen

RFID – Geschäftsprozesse mit Funktechnologie unterstützen

Anti-Spam – Ein Leitfaden über und gegen unverlangte E-Mail-Werbung

VoIP – Telefonieren über das Internet

Leitfaden Webdesign – Internetpräsenzen besser planen und gestalten

Hessen Media

Die komplette Schriftenreihe finden Sie im Anhang oder im Internet unter **www.hessen-media.de** (Bestellmöglichkeit und Download als PDF-Datei)

1 Die neue Technik der Telefonie

1.1 Der Wandel von der klassischen zur IP-basierten Telefonie

Das klassische Telefonnetz (auch „Public Switched Telephone Network" – PSTN) basiert auf dem Prinzip einer dedizierten Leitung. Man spricht auch von einem leitungsvermittelten Netz. Für einen Anruf wird eine Leitung geschaltet, die die Anrufteilnehmer für die Dauer des Gesprächs miteinander verbindet. Auf dieser geschalteten Leitung wurde für lange Zeit ein analoges Signal transportiert, das die Sprache übermittelte. Mit der Einführung von ISDN („Integrated Services Digital Network") in den 1980ern wich das analoge einem digitalen (binären) Signal, welches neben integrierten Zusatzdiensten auch die Möglichkeit bot, mehrere Kanäle über eine einzelne Leitung zur Übertragung zu nutzen (siehe auch Kap. 8.1 „Funktionsweise PSTN"). Deutlich wird die Methode der dedizierten Schaltung in einer altmodischen, manuellen Vermittlungsstation („Dame vom Amt"). Was im Laufe der Zeit durch moderne Computersysteme ersetzt wurde, ist aber prinzipiell dasselbe geblieben.

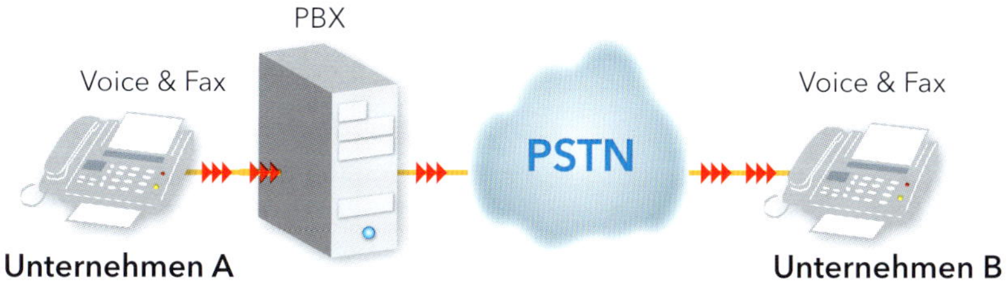

Abbildung 1: Klassisches Telefonnetz: Anrufe aus einer Firma wurden in der Regel durch eine lokale Vermittlungsstation (PBX-Private Branch Exchange, d. h. eine TK-Anlage) an die zentrale Vermittlung des PSTN geleitet, die wiederum die Vermittlung zum gewünschten Teilnehmer vornimmt

„Voice over Internet Protocol" (VoIP, auch Internet-Telefonie oder IP-Telefonie genannt) ist die Übertragungstechnik von Gesprächen in Datenform über IP-Netzwerke, d.h. Netzwerken, die auf dem Internet Protocol (IP) aufbauen (siehe auch Kap. 8.2 „TCP/IP“). Im Gegensatz zu der leitungsvermittelten Übertragung im PSTN ist die Übertragung der Gesprächsdaten in einem Datennetzwerk paketorientiert. In einem paketorientierten Netzwerk teilen sich mehrere Computer ein gemeinsames Datennetz. Diese Computer (oder auch Clients genannt) kommunizieren untereinander, indem der sendende Computer die zu verschickende Information in Datenpakete zerlegt und über ein unternehmensinternes LAN (lokales IP-Netzwerk) oder das Internet zum empfangenden Rechner schickt. Jedes Datenpaket enthält Informationen über Absender und Adressat in diesem Netzwerk. Datenpakete derselben Übertragung müssen nicht zwangsläufig denselben Weg über das Datennetz nehmen. Protokolle beim Zielrechner überprüfen, ob die einzelnen Datenpakete wieder in die richtige Reihenfolge zusammengesetzt werden.

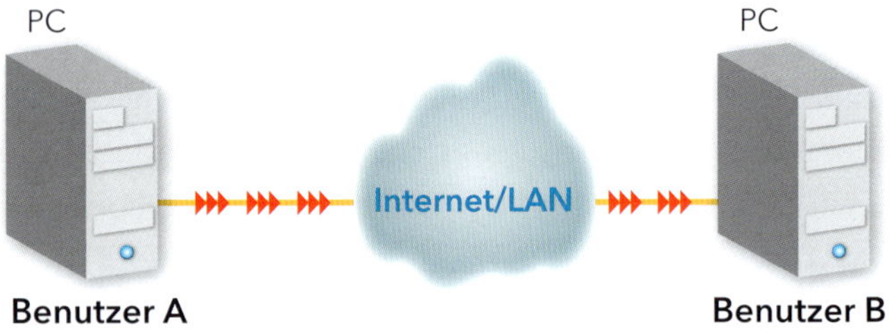

Abbildung 2: Vereinfachte Darstellung eines paketorientierten Datenverkehrs

Bei einem Anruf über VoIP muss der Verbindungsaufbau der Anrufssequenz simuliert werden - das beinhaltet die Simulation des Wähltons, des Läutens oder des „Besetzt“-Zeichens. Die Sprache selber muss von einem analogen in ein digitales Signal umgewandelt, in Pakete aufgeteilt und in dieser Form über das Netzwerk geschickt werden; am anderen Ende werden die einzelnen Pakete wieder zusammengesetzt und das digitale Signal wird danach wieder in ein analoges zurückverwandelt (siehe auch Kap. 8.3 „Funktionsweise VoIP“). Komprimierungsprogramme erledigen dabei die Umwandlung von Analog zu Digital. Im Gegensatz zum PSTN ist bei VoIP-Gesprächen der Sprache also kein eindeutiger Weg vorgegeben. Da das Internet aus einer Vielzahl verschiedener Netzwerke besteht - es wird daher auch „Netz der Netze“ genannt - gibt es eine Unmenge verschiedener Möglichkeiten, wie Datenpakete derselben Übertragung von A nach B gelangen können.

1.2 Konvergente Netze

Datennetzwerke haben seit Mitte der Neunziger Jahre an Bedeutung gewonnen. Die Entwicklung rechenstarker Computer, sinkende Kosten für Kommunikationstechnologie sowie Effizienzsteigerungs- und Rationalisierungsmaßnahmen in Unternehmen sorgten dafür, dass die heutige Wissensgesellschaft und post-industrielle Ökonomie auf einer Verknüpfung verschiedener Netzwerke beruht. In Großunternehmen sind Datennetzwerke nicht mehr wegzudenken und auch kleine und mittelständische Unternehmen (KMU) können auf die Datentechnik kaum noch verzichten und profitieren auch von diesen neuen Technologien.

Grundsätzlich kann man sagen, dass in den meisten Unternehmen bislang zwei inkompatible Netzwerke installiert sind. Eines, das PSTN, dient der Telefonie (sowohl intern als auch extern); das andere Netzwerk, das IP-Netzwerk, dient der Übertragung von Computerdaten (für interne Übertragung über LANs; für externe Übertragungen, z. B. beim Zugriff auf Internetseiten, erfolgt der Datenaustausch über die vom Internet-Anbieter bereitgestellte Leitung). Bei der IP-Telefonie werden diese beiden getrennten Netze nun zusammengeschlossen. So werden interne Telefongespräche in dem neuen Netzwerk genauso wie die Datenübertragung über LANs abgewickelt. Externe Gespräche laufen über die externen IP-Netze, genauso wie beim Internet-Verkehr. Diese neue Technik verspricht Unternehmen neue und innovative Anwendungen sowie Synergieeffekte. Allerdings sind auch die eventuellen Schwachstellen eines solchen Systems zu analysieren. (zu den Vor- und Nachteilen von VoIP: siehe Kapitel 2)

1.3 VoIP verändert den Markt

Der Telekommunikationssektor steht erneut vor einer Umwälzung. Dieser Sektor hat sich in den letzten beiden Dekaden wie kaum ein anderer verändert: zuerst die Privatisierung des Staatsmonopols und die folgende Liberalisierung des Marktes, der Durchbruch des mobilen Telefonierens, die Verbreitung des Internets und nun die Verschmelzung von Internet und Telefonie.

Im heute liberalisierten Markt der Telekommunikation können mittlerweile auch Diensteanbieter (Service Provider), die selber nicht über eigene Netzinfrastrukturen verfügen, alle Zugangs- und Verbindungsdienste anbieten. So wird die Anzahl der Anbieter größer, was den Konsumenten in Form niedrigerer Preise und innovativer Produkte zu Gute kommen sollte. Netzbetreiber und Service Provider sehen sich nun in der Lage, VoIP-Lösungen für Unternehmen mit in ihr Angebot zu nehmen. Mehr zu VoIP-Anbietern finden Sie in Kapitel 5.

1.4 IP-PBX: Die Nebenstellenanlage der Zukunft

PBX steht für „Private Branch Exchange" und bezeichnet Telefonnebenstellenanlagen, die die Vermittlungen moderner Telefonanlagen übernehmen. In Wohnbezirken wird jedem Benutzer eine externe Verbindung zugeordnet. Die PBX ermöglicht es Unternehmen, eine begrenzte Anzahl externer Verbindungen in den Geschäftsräumen untereinander zu teilen. Zugleich unterstützt sie aber auch Zusatzdienste. In großen Unternehmen werden gleich mehrere PBXen miteinander verbunden; so können sich die Mitarbeiter untereinander anrufen, ohne über das PSTN zu telefonieren.

Die neue Vermittlungsstelle der IP-basierten Telefonie wird einfach als IP-PBX (oder auch LAN-PBX, Soft-PBX, oder Paket-PBX) bezeichnet. IP-PBXen sind die Vermittlungsstellen in VoIP-Systemen analog zu den PBXen im PSTN. Im Gegensatz zu einer klassischen Nebenstellenanlage ist die IP-PBX dafür konzipiert, die Telefonie als integrativen Bestandteil eines konvergenten Datennetzwerkes zu verwalten. Die IP-PBX ist in der Regel eine Software, die - installiert auf einem Server des Datennetzwerkes - alle Wahl- und Verbindungsvorgänge innerhalb der lokalen (LAN) und nichtlokalen (Internet) IP-Netzwerke regelt. So ordnet sie jedem Endgerät eine eindeutige IP-Nummer und Rufnummer zu. Allein dadurch übernimmt die IP-PBX die Vermittlungsfunktion der klassischen PBX-Anlage. Darüber hinaus werden neben den Verbindungssteuerungsdaten auch die Koordinierung der Sprach-, Fax- und Videodaten von der IP-PBX übernommen, so dass eine dynamische Integration aller Datenströme zu einem einheitlichen Gesamtsystem ermöglicht wird.

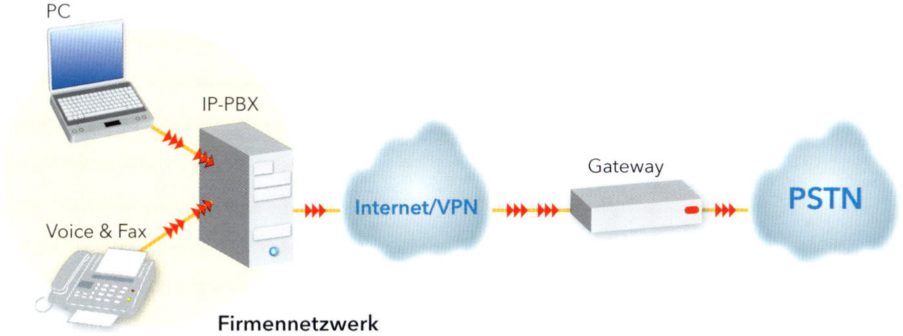

Abbildung 3: In Zukunft übernimmt die IP-PBX die Koordination für die Übertragung aller Dateien

Zu Komponenten einer VoIP-Lösung (IP-PBX-Server; Gateway zwischen IP-Netz und PSTN; Telefonie-Client) siehe auch Kapitel 3.

1.5 Migration von der klassischen TK-Anlage zur IP-PBX

Es wird angenommen, dass in den nächsten Jahren weite Teile der Telefonie von der leitungsvermittelten auf die paketvermittelte Technik umgestellt werden. Unternehmen müssen sich über den ökonomischen Nutzen einer frühzeitigen Umstellung und deren geeigneten Zeitpunkt Gedanken machen. Kleinere Unternehmen erachten IT-Entwicklungen wie VoIP zu häufig als Themen einzig für große Unternehmen. Dabei kann die praktische Umsetzung solcher Systeme für kleinere Unternehmen oftmals einfacher sein. Hier fallen die Investitionen in abschreibbare Infrastruktur (z. B. Router oder Switches, vgl. Glossar) geringer aus und auch der Grad untereinander abhängiger Technologien und Prozesse ist niedriger.

Ein kompletter Umstieg auf die IP-Telefonie bei neu errichteten Gebäuden oder Firmensitzen ist zu überlegen. Für die meisten Unternehmen wird sich allerdings eine sanfte Migration anbieten, bei der anstehende Investitionen bereits in die neue Technologie getätigt werden, ältere Komponenten aber ohne großen Aufwand integriert und weiterhin benutzt werden können. Bei gewachsenen Unternehmensstrukturen muss neben technischen Neuerungen auch der Schutz bestehender Investitionen wie nicht abgeschriebener Telefonanlagen im Vordergrund stehen.

1.6 Next Generation Networks auch in den Unternehmen

Der Begriff „Next Generation Network" (NGN) steht für das Konzept einer intelligenten Netzwerklösung, welche Komponenten wie Echtzeitkommunikation und Multimedia nahtlos miteinander verbindet. Solchen Netzwerken wird eine hohe Netzwerkintelligenz attestiert. Ein NGN ist keine Software oder Box, sondern steht für eine Systemlösung, die den individuellen Bedürfnissen und Anforderungen eines jeden Netzwerkes und Benutzers nach konzipiert wird. Der Nutzer verfügt über ein intelligentes Informationsmanagement und kann Dienste seinen individuellen Erfordernissen anpassen. In einem solchen Netz werden die unterschiedlichen Übertragungsverfahren und Netzwerkstrukturen, wie z. B. ältere leitungsvermittelte Fernsprechnetze, das zeitgetaktete ISDN, die multiplexen Mobilfunknetze, das Fernsehen, sowohl paketvermittelte IP-Netze in eine konvergente Netzwerkstruktur überführt. Die IP-Telefonie kann als ein weiterer Schritt hin zu einem vollständigen NGN betrachtet werden.

Kurz & bündig:

Was ist VoIP?

- „Voice over Internet Protocol" überträgt Sprache über Datennetzwerke, und nicht, wie die traditionelle Telefonie, über ein eigens dafür konstruiertes Netzwerk.

Wie funktioniert VoIP?

- Die digitalisierte Sprache wird in kleine Datenpakete aufgeteilt, die dann mit einer Zieladresse versehen über ein IP-Netzwerk gesendet werden. Am anderen Ende werden die Pakete wieder in die ursprüngliche Reihenfolge gesetzt.

Was ist eine IP-PBX?

- Sie dient als neue Art der Vermittlungsstelle, und steuert in erster Linie den Verbindungsaufbau und -abbau. Installiert wird sie als Software auf einem Server.

2 Vor- und Nachteile von VoIP

In den folgenden Abschnitten möchten wir sowohl auf die Vorzüge (Kap. 2.1 - 2.4) als auch auf die Schwächen und Bedenken der Internet-Telefonie (Kap. 2.5 - 2.11) eingehen.

2.1 Kostensenkungspotentiale

Einsparungen bei der Infrastruktur

Die Kosten für eine separate PBX entfallen, wenn die Telefonie komplett auf VoIP umgestellt wird. Fast alle Firmen unterhalten heute bereits ein lokales Datennetzwerk. Durch Migration der Telefonie auf dieses Netzwerk entstehen Synergieeffekte; so muss nur noch ein einziges Netzwerk gewartet werden. Die Techniker für die Wartung eines separaten Telefonnetzwerkes entfallen ebenso, da die Wartung der Telefonie nun von der IT-Abteilung übernommen werden kann, falls dieses Personal über genügend Kenntnis von VoIP verfügt.

Positiv wirkt sich die Tatsache aus, dass bei vorhandener Kompatibilität Komponenten unterschiedlicher Anbieter in einem System verwendet werden. Bei den herkömmlichen Anlagen war man immer auf den Hersteller oder Anbieter der Vermittlungsstelle angewiesen, wollte man die vorhandenen Kapazitäten erweitern. Will man bei den neuen Systemen IP-Endgeräte hinzufügen, ist man nicht mehr auf den Hersteller oder Anbieter der Telefonnebenstellenanlage angewiesen, der Anschluss weiterer Endgeräte sollte keine Schwierigkeit mehr darstellen (siehe auch Kap. 2.6 zu Protokollen und Standards). Diese Tatsachen sollte zu mehr Wettbewerb unter den Herstellern von Komponenten und so zu niedrigeren Preisen führen (siehe auch Kapitel 5 „Anbieter").

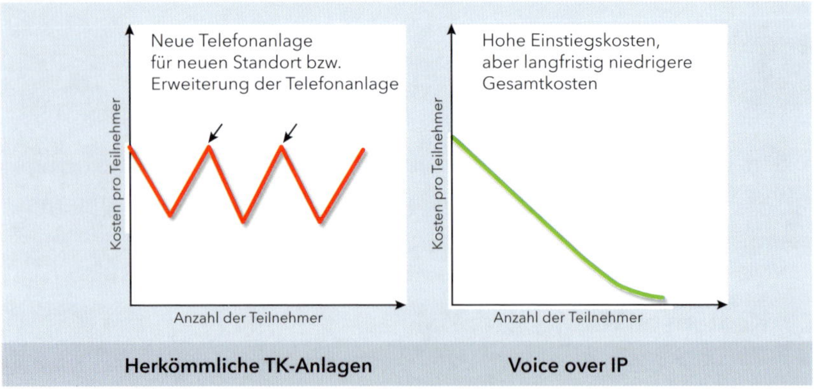

Abbildung 4: Kostenverlauf Infrastruktur

Einsparungen beim Telefonieren

Kosten für ein VoIP-Gespräch können sich aus verschiedenen Komponenten zusammensetzen. Zu diesen Komponenten gehören die Kosten für den Internetzugang, über den das Gespräch abgewickelt wird (diese Kosten entfallen natürlich bei einem unternehmensinternen Gespräch über das hausinterne LAN) und die Entgelte für die jeweiligen VoIP-Verbindungen (siehe Übersicht auf S. 9).

Für firmeninterne Gespräche zwischen Niederlassungen in unterschiedlichen Regionen oder Ländern fallen keine Gesprächskosten mehr an. Vor allem bei Auslandstelefonaten kann viel eingespart werden. Des Weiteren können sich Angestellte, die von zu Hause aus arbeiten, praktisch zum Nulltarif ins Firmennetz einwählen.

Macht der interne Gesprächsaufwand nur einen geringen Teil des gesamten Gesprächsaufkommens aus oder tätigt man nur Anrufe in nationale oder lokale Netze, kann ein ISDN-Anschluss mit günstigen Verbindungskosten dennoch die günstigere Alternative sein. Mit wachsender Verbreitung der IP-Telefonie kann aber mit einem Preisrückgang sowohl bei der Infrastruktur als auch bei den Verbindungsgebühren zu rechnen sein.

Verbindungen von VoIP aus

von VoIP zu VoIP

- Innerhalb des eigenen Netzes kostenlos
- bei Anrufen in andere VoIP-Netze können Gebühren anfallen, die i.d.R. aber niedrig sind
- wachsende Zahl von Netz-Zusammenschaltungen, die kostenlose Telefonate auch in andere IP-Netze ermöglichen

von VoIP ins Festnetz

- Kosten für Gespräche ins Festnetz sind derzeit niedriger als bei der herkömmlichen Telefonie
- Besonders bei Anrufen ins Ausland liegen die Kosten wesentlich niedriger

von VoIP auf Mobil

- In der Regel liegen die Kosten für Anrufe auch hier niedriger als bei alternativen Einwahlmöglichkeiten
- Einige Anbieter unterscheiden nach gewählten Rufnummern; da aber viele Kunden, die den Anbieter gewechselt haben, ihre Nummern mitgenommen haben, kann so nicht mehr eindeutig verfolgt werden, in welches Netz man anruft; die Anbieter weisen auf solche Möglichkeiten aber eindeutig hin

2.2 Rationalisierungspotentiale und Mehrwertdienste

Neue Anwendungsfelder Unified Messaging: eine Nummer, viele Geräte

Telefonie ist nur eine von vielen Anwendungen. VoIP bietet ein hohes Maß an Mobilität und Flexibilität. „Unified Messaging Systeme" (UMS) verbinden die Kommunikations-Endgeräte in einem einzigen Kommunikationsservice mit einer einheitlichen Benutzeroberfläche am PC und einer Dienste übergreifenden Benutzerführung durch Telefon oder Internet. Dieses Prinzip erstreckt sich auf viele Endgeräte und Systeme, wie z. B. Fax, Video, E-Mail, SMS, Pager, usw. Mitarbeiter können sich mit ihren Nutzerdaten von jedem beliebigen Ort mit einer Internetanbindung einloggen. So ist der Manager oder Mitarbeiter in seinem Büro, im Auto, im Home Office oder im Hotelzimmer jederzeit unter derselben Nummer erreichbar –

sofern er dies wünscht. Man spricht in diesem Fall von einer nomadischen Nutzung (mehr zum Thema Nummerierung bei VoIP in Kap. 2.4). Darüber hinaus hat der Anwender die Möglichkeit zu bestimmen, an welche Endgeräte oder Rufnummern ein ankommender Anruf geleitet oder von welchem Endgerät aus eine ausgehende Verbindung aufgebaut werden soll.

Zusätzliche Services: Fax over IP, Videokonferenzen, etc.

Neben Kosteneinsparungen sind es innovative Dienste, die der IP-Telefonie einen wahren Mehrwert verleihen. Zu bereits aus der ISDN-Technologie bekannten Diensten wie Rufweiterleitung, Voice2Email an Außendienstmitarbeiter, Click-to-dial (Anruf mit einem einzigen Klick auf die Kontaktdaten), Anruflistenverwaltung, Fax over IP etc. gesellen sich nun neue Zusatzdienste: Echtzeit-Audio-Kommunikation („Multipoint Audio Conferencing") von drei oder mehr Personen über einen Server, der die Konferenz erst ermöglicht („Conferencing Server"). Zusätzliche Funktionen sind Videokonferenzen, der gemeinsame Gebrauch von Anwendungen („Application Sharing"), Datenübertragung („Filetransfer") zum Verteilen von Dokumenten und ein „White Board", auf das von allen Teilnehmern parallel zu einer Telefonschaltung von ihrem Arbeitsplatz aus zugegriffen werden kann. Darüber hinaus ermöglicht eine Spezialsoftware die Archivierung von VoIP-Gesprächen. Der Nutzer kann die Datei mit der Aufnahme manuell um Stichwörter ergänzen, so dass das Gesprächsarchiv im Nachhinein durchstöbert und ein wichtiges Gespräch wieder abgerufen werden kann.

Beim Aufnehmen und Archivieren von VoIP-Gesprächen müssen natürlich die telekommunikations- und datenschutzrechtlichen Vorschriften eingehalten werden. Üblicherweise gilt in Deutschland: Wer ein Gespräch mitschneiden möchte, muss seinen Gesprächspartner am Anfang des Gespräches über diese Absicht informieren und dessen Zustimmung einholen. Das unbefugte Mitschneiden kann nach § 201 StGB bestraft werden. Mehr zum Thema Datenschutz und Sicherheit bei VoIP ist in den Kapiteln 2.5 ff. festgehalten.

Integration von Sprach- und Datenanwendungen

Konvergente Netzwerke mit der Integration von Telekommunikation und Datenverarbeitung ermöglichen es, Telefonsoftware mit anderen Kommunikationsanwendungen, wie z. B. Adressbüchern, E-Mail-Clients wie Outlook oder Workgroup-Systemen zu verbinden. So können Kontakte einfach durch „Click-to-Dial" angerufen werden. Erhält man einen Anruf von einem noch nicht in den Kontaktadressen gespeicherten Teilnehmer, können dessen Nutzerdaten nach dem Telefonat mit einem Klick dem Adressbuch zugefügt werden. Anhand des Kalenders können Tages- oder Wochenprofile eingestellt werden. Nachrichten, die auf einem Anrufbeantworter hinterlassen werden, können in Form einer E-Mail, SMS oder sogleich als komplette Voice-E-Mail an den beabsichtigten Rezipienten weitergeleitet werden.

Outsourcing

Wie beispielsweise bei Softwareanwendungen können auch im Bereich der Telefonie Dienste an einen externen Dienstleister ausgelagert werden (Outsourcing), was vor allem für kleine und mittelständische Unternehmen eine geeignete Alternative zu einer eigenen Telefonanlage darstellen kann. Unternehmen brauchen für solch eine Auslagerung an Anbieter virtueller Telefondienste eine leistungsstarke Internetverbindung (z. B. SDSL). Die Hardware und Teile der Software werden bei dem Diensteanbieter untergebracht. Die Firmen haben durch installierte Software und Anwendungen die Möglichkeit, ihre Systeme weiterhin selber zu konfigurieren, z. B. einen weiteren Teilnehmer hinzuzufügen.

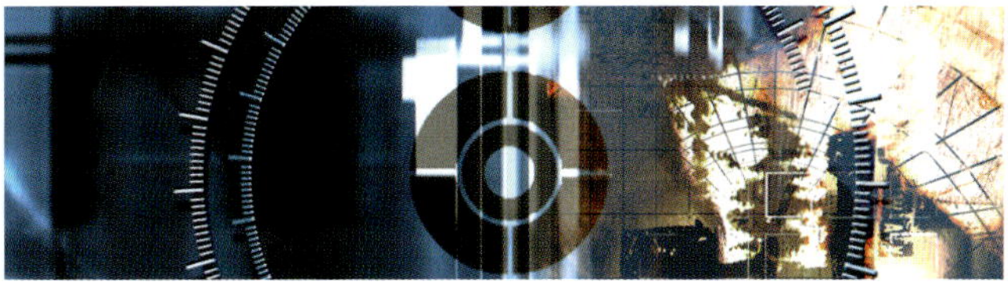

2.3 Neue Möglichkeiten des Marketings

Die neue Technologie bietet Unternehmen nicht nur ein Kostenreduzierungspotenzial und erweiterte Zusatzdienste rund um die Telefonie. Zusätzlich zu diesen Aspekten ergeben sich neue Möglichkeiten für Kundenbindung und Kundenbetreuung. Dadurch, dass die IP-Telefonie auf derselben Technologie wie das Internet aufbaut, eröffnen sich in diesem Umfeld neue Synergieeffekte. Auf einer Internetseite kann so ein Link untergebracht werden, der beim Anklicken durch den Besucher der Seite diesen direkt mit dem Verkaufspersonal oder der Service-Beratung des Unternehmens telefonisch verbindet. Insbesondere bei erklärungsintensiven oder hochpreisigen Produkten kann dies einen besseren Informationsdienst bieten. Kunden können während des Besuchs einer Produktseite zusätzlich ein persönliches Beratungs- oder Verkaufsgespräch führen. Das Potential dieser Art der Kundenwerbung ist im Hinblick der zunehmenden Bedeutung des Internets für Kundengewinnung und Kundenbetreuung vielversprechend.

2.4 Nummerierung und ENUM

Ein VoIP-Telefon ist nicht nur ein Telefon mit einer Telefonnummer, sondern ein Rechner in einem IP-Netz mit einer IP-Adresse. Bei VoIP wird das Ziel der Telefonverbindung mit einer Telefonnummer angegeben, aber die Verbindung kann nur mit einer Internet-Adresse aufgebaut werden.

Wie bei der klassischen Telefonie im PSTN können für Internet-Telefonie ortsbezogene oder ortsunabhängige Rufnummern vergeben werden. In der Regel ist es möglich, alte geographische Telefonnummern bei einer Umstellung auf VoIP weiter zu nutzen. Manche VoIP-Provider bieten Portierungsmöglichkeiten an.

In Deutschland stehen für ortsunabhängige Dienste insbesondere die sogenannten „Nationalen Teilnehmerrufnummern" zur Verfügung. Diese beginnen mit der Ziffernfolge (0)32. Sowohl bei ortsunabhängigen wie auch bei geographischen Rufnummern ist der Anwender weltweit, egal wo er sich befindet (auf Dienstreise oder im Urlaub), immer unter der gleichen Nummer erreichbar. Man spricht von einer nomadischen Nutzung der Telefonnummer.

Um eine einheitliche Adressierung von integrierten Daten- und Sprachanwendungen zu ermöglichen wurde ENUM entwickelt. ENUM (steht für Telephone Number Mapping) basiert auf dem „Domain Name System" des Internets. Dabei handelt es sich um ein von der „Internet Engineering Taskforce" (IETF – diese Einrichtung regelt die technische Weiterentwicklung des Internets) entwickeltes Protokoll, das weltweit jede Telefonnummer auf eine Internet-Domäne abbildet. Ziel von ENUM ist es, verschiedene Adressen, Nummern und URLs unter einer einzigen Nummer verfügbar zu machen. Es kann als Brücke zwischen traditionellen Verbindungsmethoden und neuen IP-basierten Netzwerken dienen und so die Migration für Anbieter und Anwender erleichtern.

Mit ENUM können Anwender zum Beispiel die Art bestimmen, wie und wann Anrufe weitergeleitet werden sollen, das heißt es kann festgelegt werden, wann ein bestimmter Anruf zum Beispiel ans Festnetz oder an den Voice over IP oder an sonstige Geräte wie Handys weitergeleitet werden soll. Für Unternehmen bedeutet dies eine weitere Flexibilisierung und Effizienzsteigerung nicht nur der internen, in diesem Falle vor allem aber der externen Kommunikation. Im Januar 2006 hat die DENIC, die Vergabestelle von Domainnamen unter .de, die Verwaltung von ENUM-Domains in den regulären Betrieb überführt. Weitere Informationen zu ENUM erhält man auf der DENIC-Webseite **www.denic.de/de/enum**. Für einen großflächigen Erfolg von VoIP ist ein System wie ENUM Voraussetzung. Zum Domain-Name-System und ENUM siehe auch Kap. 8.5.

2.5 Nachteile der neuen Technik

Jede neue Technik birgt auch Risiken und bietet nicht nur Vorteile. Die Frage der Zuverlässigkeit konvergenter Netze steht auf dem Prüfstand. Analoge Telefonanlagen, basierend auf einer klassischen Nebenstellenanlage, hatten in jüngster Vergangenheit jährliche durchschnittliche Ausfallraten von lediglich fünf Minuten. Es wird schwer werden für die IP-Telefonie, diesen Wert zu erreichen. Stellt man sein Netzwerk auf die neue Telefonie um, so ist anfänglich eventuell mit zusätzlichen Ausfallzeiten zu rechnen, bis das neue System optimal konfiguriert ist.

Ein kritischer Punkt beim Wechsel von einer klassischen PBX auf ein VoIP-System ist, dass letztere Systeme durch dieselbe Art von Fehlern und Schwachstellen gekennzeichnet sind, wie derzeit alle erhältlichen Betriebssysteme und Software-Anwendungen auch. Da die meisten VoIP-Implementierungen auf Windows- oder Linux-Servern basieren, übernehmen sie auch deren Schwachstellen.

Natürlich muss auch bei VoIP das Thema Datenschutz beachtet werden. Mit ihrer Entschließung „Telefonieren mit Internet-Technologie (Voice over IP – VoIP)" hat die 70. Konferenz der Datenschutzbeauftragten des Bundes und der Länder im Oktober 2005 auf die besonderen Risiken hingewiesen, die mit dem Telefonieren über das Internet verbunden sind. Neben den verschiedenen Möglichkeiten, das Netz zu stören und sich Leistungen zu Lasten anderer zu erschleichen, stellt das Ausspähen von Kommunikationsverbindungen und -inhalten das größte Gefährdungspotenzial laut der Datenschutzbeauftragten dar. Die Konferenz fordert deshalb Hersteller, Anbieter sowie Anwender von VoIP-Lösungen auf, das grundgesetzlich geschützte Fernmeldegeheimnis auch bei VoIP zu wahren und hierfür

- angemessene technische und organisatorische Maßnahmen zu treffen, um eine sichere und datenschutzgerechte Nutzung von VoIP in einem Netzwerk zu ermöglichen,
- Verschlüsselungsverfahren für VoIP anzubieten bzw. angebotene Verschlüsselungsmöglichkeiten zu nutzen,
- Sicherheits- und Datenschutzmängel, die die verwendeten Protokolle oder die genutzte Software bisher mit sich bringen, durch Mitarbeit an der Entwicklung möglichst schnell zu beseitigen,
- auf die Verwendung von offenen, standardisierten Lösungen zu achten beziehungsweise die verwendeten Protokolle und Algorithmen offen zu legen,
- VoIP-Kunden über die Gefahren und Einschränkungen gegenüber dem klassischen, leitungsvermittelten Telefondienst zu informieren und
- bei VoIP alle datenschutzrechtlichen Vorschriften genauso wie bei der klassischen Telefonie zu beachten.

In den benutzten Netzen, auf den beteiligten Servern und an den eingesetzten Endgeräten müssen angemessene Sicherheitsmaßnahmen umgesetzt werden, um die Verfügbarkeit, die Vertraulichkeit, die Integrität und die Authentizität der übertragenen Daten zu gewährleisten. Weitere Informationen hierzu sind beispielsweise abrufbar unter **www.datenschutz.hessen.de**.

2.6 Protokolle und Standards

Um Anrufe zu tätigen ist eine Kommunikation zwischen den Endgeräten im Vorfeld eines Gesprächs notwendig, die als Signalisierung bezeichnet wird. Für diesen Signalisierungsprozess existieren verschiedene VoIP-Protokolle, die auf unterschiedlichen Standards basieren. Auf der einen Seite gibt es offene Standards der „International Telecommunications Union" (ITU) und IETF (Internet Engineering Task Force). Offene Standards (frei verfügbar zur weiteren Entwicklung) fördern i.d.R. kompatible Systeme. Auf der anderen Seite benutzt beispielsweise das Internet-Telefonie-System Skype ein eigenes, proprietäres Protokoll, was es inkompatibel zu den anderen Protokollen macht. Das hat zur Folge, dass VoIP-Teilnehmer, die Skype benutzen, keine IP-Verbindung zu anderen Teilnehmern, die mit Systemen basierend auf den offenen Standards telefonieren, aufbauen können.

Anfangs basierten die meisten Systeme auf dem Standard H.323, der von der ITU entwickelt wurde. Mittlerweile hat sich aber bei den Anbietern und Herstellern von VoIP-Systemen das von der IETF entwickelte Protokoll SIP („Session Initiation Protocol") durchgesetzt. Im Gegensatz zu H.323 wurde es von Anfang an am Internet ausgerichtet, was diesem Protokoll heute einige Vorteile gegenüber H.323 verschafft. Welches Protokoll dem VoIP-System zugrunde liegt, entscheidet der jeweilige Anbieter oder Hersteller.

Selbst wenn zwei unterschiedliche Hersteller die gleichen Protokollfamilien verwenden, müssen ihre Systeme noch lange nicht miteinander kompatibel sein, da sie die Protokolle immer noch nach eigenen Regeln implementieren können. Zudem deklarieren einige Hersteller ihre Produkte als „standardkompatibel", obwohl sie proprietäre Elemente implementieren. Für den Anwender ist wichtig zu wissen, inwieweit die Kompatibilität seines Systems mit denen anderer VoIP-Teilnehmern gewährleistet ist.

2.7 Sprachqualität

Ein häufig genannter Mangel der Internet-Telefonie ist, dass die Sprachqualität zu wünschen übrig lässt. Dies wird meist aber durch schlechte Einstellungen zwischen den einzelnen Geräten und Komponenten verursacht.

Quality of Service

„Quality of Service" (QoS) bezeichnet die Dienstgüte eines Telekommunikationsdienstes. Unterstützt ein Dienst QoS, so bedeutet dies, dass die mit diesem Dienst übertragenen Daten einen Vorzug bei der Übertragung gegenüber Diensten ohne QoS erhalten.

Heute werden in den Netzen Dokumente, Anwendungen, E-Mails, Sicherungsdateien und eine Vielzahl anderer Daten übertragen. Kommen noch Sprachdienste hinzu, werden evtl. die Kapazitäten des Datennetzwerks ausgereizt. Steht genügend Bandbreite zur Verfügung, kann die Sprachqualität bei VoIP zu jeder Zeit CD-Qualität erreichen. Ansonsten müssen die Netzwerkadministratoren Bandbreite den verschiedenen Diensten zuordnen. VoIP kann aber auch Priorität bei der Übertragung der Datenpakete eingeräumt werden: wird die Kapazität knapp, werden die VoIP-Daten anderen Daten, die nicht über diese Priorität verfügen, vorgezogen.

Um die QoS in einem System zu gewährleisten, muss man sich mit der Struktur des Netzwerks befassen. Alle Anwendungen und Geräte in einer Netzwerkumgebung müssen in der Lage sein, Informationen über den gewünschten Grad der QoS auszutauschen. Es würde keinen Sinn ergeben, dem System diese Leistungsfähigkeit zu verleihen, wenn die peripheren Komponenten der Netzwerke, wie z. B. Router (vgl. Glossar), diese Anforderungen nicht verstehen würden, bzw. die Priorisierung der Anforderungen nicht vornehmen könnten.

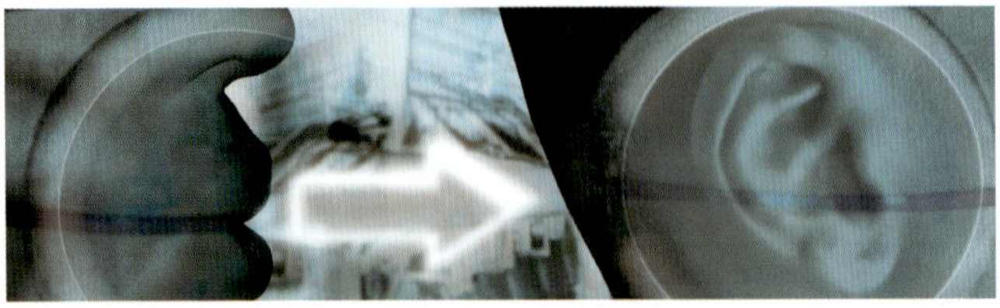

Latenz

Es existieren verschiedene Parameter, mit der die QoS eines Systems gemessen wird. Latenz (Variation) bezieht sich auf die Zeit, die die Sprache von einem Endgerät zum anderen benötigt. Die Latenz bei der klassischen Telefonie hat eine obere Grenze von 150 Millisekunden. Dieser Wert sollte auch von der IP-Telefonie erreicht werden, um als gleichwertiger Ersatz zu gelten. Zieht man die Zeit zur Datenkodierung (1-30 ms) und Datenübermittlung (innerhalb Europas bis zu 100 ms) ab, bleibt für Sicherheitsmaßnahmen nur wenig Zeit übrig. Hinzu kommen Verzögerungen in Warteschleifen an den Zugängen zu den verschiedenen Netzwerken.

Jitter

Jitter bezieht sich auf die Variation der Verzögerung, bzw. Abweichung der Latenz. Besonders bei geringer Bandbreite kann es zu Unterschieden in der Variation kommen, da Pakete nur übermittelt werden können, wenn Kapazität frei wird. Wie bei einer Ampel im Straßenverkehr können so Pakete nur in Schüben übermittelt werden. Um dies zu verhindern, werden so genannte Buffer eingebaut, die einen gleichmäßigen Datenverkehr ermöglichen. Bei Jitter allerdings kann das System keine zuverlässigen Aussagen mehr über die Wahrscheinlichkeit eines Paketverlusts machen: hoher Jitter kann das System mit zu vielen Entscheidungsfragen, ob ein Paket nun nur zu spät ist oder ob es schon verloren ist, aufhalten. Kleine, aber variierende Verzögerungen können wesentlich nachteiliger für die Qualität sein als größere, dafür aber konstante Latenzen.

Geringe Toleranzlevel

VoIP ist grundsätzlich sehr intolerant gegenüber Paketverlust. Dieser kann durch zu hohe Latenzwerte verursacht werden, wenn eine Gruppe von Paketen zu spät ankommt und so eine bereits neuere Gruppe bevorzugt werden musste. In diesem Fall können ganze Wörter des Gesprächs verloren gehen. Aber auch durch Jitter, wenn z. B. ein einzelnes Paket ankommt, nachdem dessen benachbartes Paket bereits aus dem Buffer gelassen worden ist. So wird dieses Paket nutzlos.

Ein einzelnes VoIP-Paket ist sehr klein. Es umfasst nur 12-60 ms eines Gesprächs. Der Verlust einzelner Pakete liegt nicht im wahrnehmbaren Bereich für die Teilnehmer. Allerdings gehen in der Regel nicht nur einzelne Pakete verloren, sondern ganze Gruppen von Paketen. Als Faustregel kann man sagen, dass ein Paketverlust von 1-3 % noch akzeptabel ist.

Bei ausreichender Bandbreite gibt es keine Bedenken gegen die Sprachqualität von VoIP. Die Netzwerke müssen von Grund auf so konzipiert sein, dass die einzelnen Komponenten den QoS-Anforderungen des Systems gerecht werden. Ist dies sichergestellt, wird es nur in den seltensten Fällen zu wahrnehmbaren Beeinträchtigungen der Sprachqualität kommen.

2.8 Sicherheit

Verschlüsselung

Mit Einführung der IP-Telefonie steht die gesamte Sicherheit der Datennetzwerke auf dem Prüfstand. Datenpakete, die über das Internet versendet werden, durchlaufen mitunter 15-20 verschiedene Systeme, die nicht der Kontrolle der Teilnehmer oder des Dienstanbieters unterliegen. Datenverschlüsselung wird so zu einer unumgänglichen Maßnahme. Ansonsten können unbefugte Dritte ohne größere Schwierigkeiten an einer Stelle im System (z. B. an einem Gateway, vgl. Kapitel 3.3) den Datenverkehr anzapfen und Gespräche mithören.

Aufgrund des zeitkritischen Charakters von VoIP, welcher nur sehr geringe Toleranz-Level bezüglich Paketverlust und Datenverzögerung erlaubt, sind viele bereits installierte Maßnahmen zur Datensicherheit in der aktuellen Form nicht akzeptabel. Auch wenn es in der Praxis bislang nur wenige Beispiele für Hacker-Attacken und andere Angriffe auf VoIP-Anwendungen gibt, muss auch das konvergente Netz mit Firewalls, Virenscannern und anderen Abwehrmechanismen gegen Angriffe geschützt werden. Das Gleiche trifft für IP-fähige Endgeräte zu. Bei extrem geschäftskritischen Kontakten – etwa bei Telefonaten des Vorstands – ist es ratsam, den VoIP-Verkehr extra zu verschlüsseln.

Während bei auf Skype basierenden Systemen bereits eine akzeptable Verschlüsselung vorliegt, muss diese in Form einer Hardware oder Software bei anderen Systemen aufgerüstet werden. Hierfür bieten viele Anwender bereits Lösungen an. Allerdings sind nicht alle Lösungen als wirklich ausreichend zu betrachten. Eine gute Form der Verschlüsselung bietet ein „Virtual Private Network" (VPN), das eine sichere Verbindung zweier oder mehrerer Teilnehmer über das Internet errichtet. Ein VPN ist bereits ausreichend verschlüsselt, so dass der Datenfluss der Internet-Telefonie, der durch diese sichere Verbindung läuft, auch sehr gut gesichert ist. Hinzu kommt, dass in vielen Unternehmen VPNs bereits vorhanden sind.

Firewalls

Die Firewalls (die den ein- und ausgehenden Datenverkehr an der Schnittstelle zwischen Internet und LAN überwachen) in den für VoIP ausgelegten Systemen müssen die verschiedenen Signalisierungsprotokollfamilien unterschiedlicher VoIP-Systeme verstehen. Selbst wenn zwei unterschiedliche Hersteller die gleichen Protokollfamilien verwenden, müssen ihre Systeme noch lange nicht miteinander kompatibel sein, da sie die Protokolle immer noch nach eigenen Regeln implementieren können. Damit die Firewalls effektiv arbeiten können, und so einen gewissen Grad an Sicherheit gewährleisten können, sollten sie mit so viel wie möglich VoIP-Endgeräten und -Anrufservern interoperabel sein.

Viren, Würmer und Spam über VoIP

Neben den aus der Datenwelt bekannten Gefahren wie Viren, Würmern oder Denial-of-Service-Attacken können Angreifer auch Schäden anrichten, indem sie beispielsweise über Firmennetze kostenlos telefonieren oder den Datenverkehr zum Erliegen bringen. Wie bereits erwähnt, sollten geschäftskritische Telefonate oder Videokonferenzen deshalb besonders gesichert sein.

VoIP könnte auch eine neue Art von Spam-Botschaften mit sich bringen. Gespräche übers Internet sind ähnlich billig wie E-Mails. Spammer könnten also IP-Anschlüsse mit Werbebotschaften überschwemmen, bei den Teilnehmern würde ununterbrochen das Telefon klingeln. In der Fachwelt spricht man dabei von SPIT („Spam over Internet Telephony"). Auch wenn dies zum gegenwärtigen Zeitpunkt in seiner Bedrohlichkeit nicht mit E-Mail-Spam zu vergleichen ist (da bei E-Mail ein Sender an viele Adressaten verschickt und bei VoIP i.d.R. ein Gespräch lediglich zwischen zwei Teilnehmern aufgebaut wird), sollte man sich rechtzeitig nach Gegenmaßnahmen erkundigen. Als Gegenmaßnahme für SPIT bietet es sich an, nur autorisierten Teilnehmern einen Verbindungsaufbau zu gestatten. Allerdings dürfte dies für Unternehmen, die eine öffentliche Rufnummer brauchen, schwierig werden.

Mehr zum Thema IT-Sicherheit findet man in der Veröffentlichung ‚IT-Sicherheit für den Mittelstand' von Hessen-IT und auf der CD-ROM ‚Sicher ins Netz – Die IT-Sicherheits-CD der multimedia-initiative hessen'. Beide können über **www.hessen-it.de** bezogen werden.

2.9 VoIP in öffentlichen Netzen

IP-Telefonie über das öffentliche Internet ist ein „best-effort"-Angebot, also nach größtem Bemühen, und leidet unter Verzögerungen beim Routen und gelegentlichen Blockierungen. Nach größtem Bemühen heißt hier, dass die Pakete so schnell wie möglich übertragen werden; allerdings nur, wenn Kapazität frei wird und keine priorisierten Übertragungen Vorrang haben.

VoIP braucht eine Bandbreite von ungefähr 8 kbit/s. Dies erscheint nicht viel, kann aber bei gleichzeitiger Benutzung vieler Teilnehmer gerade in öffentlichen Netzwerken (z. B. Internet) zu Engpässen führen. Mittlerweile wurde und wird die Infrastruktur aber auf höhere Bandbreiten erweitert, was zu weniger Beeinträchtigungen bei der IP-Telefonie führt. Mit jedem Ausbau der Bandbreiten sollte die Qualität von VoIP auch in den öffentlichen Netzwerken ansteigen; es sei denn, die Router bilden als veraltete Komponenten Hindernisse. Alleine einen Router anzubieten, der entsprechenden VoIP-Verkehr verwalten kann, ist nicht genug. Integrierte Dienste, zu denen auch VoIP gehört, müssen auf dem neuesten Stand der Technik basieren, und nicht auf „best-efforts"-Verbindungen. Der Zugangspunkt und der Gateway, d.h. die Schnittstelle zum Netzwerk, spielen dabei eine wichtige Rolle.

2.10 VoIP in VPN und LAN

In vielen Unternehmen werden Sprache und Daten über lokale Netzwerke (LAN) oder so genannte „Virtuelle Private Netzwerke" (VPN) übertragen. VoIP ist heute als eine zuverlässige Technologie auf Unternehmens-LANs und WANs („Wide Area Network" - Datennetzwerk über einen sehr großen geographischen Bereich) anerkannt. Die Bandbreite in VPNs reicht in der Regel bereits aus, um eine mit der klassischen Telefonie gleichwertige Sprachqualität von VoIP zu gewährleisten. In LANs steht in der Regel auch bereits ausreichend Bandbreite zur Disposition, nachdem die meisten Netzwerke von 10-Mbit/s-Ethernet auf 100-MBit/s aufgerüstet wurden, und letztere bereits teilweise 1-Gbit/s-Netzwerken weichen mussten. Dies kommt der Qualität von VoIP nur zu Gute. Denn interne VoIP-Gespräche in einem Unternehmen werden in den meisten Fällen über die lokalen Netzwerke abgewickelt. Hinzu kommt, dass in größeren Systemen Hubs und Switches benutzt werden, um die Netzwerke zu strukturieren. Dadurch wird die Zahl der Teilnehmer, die sich eine Bandbreite teilen müssen, bereits begrenzt.

2.11 Verfügbarkeit, Ausfallzeiten und Notruf

Verfügbarkeit bedeutet für den Anwender in erster Linie die Aufrechterhaltung der Stromversorgung der Endgeräte, nicht zuletzt um in einem Notfall einen Notruf absetzen zu können. Im Falle eines Stromausfalls funktionieren herkömmliche Telefone weiter; die benötigte Spannung von 48 Volt stellt die Leitung selbst zur Verfügung.

In Firmen mit einer eigenen PBX-Nebenstelle gibt es üblicherweise Notstromaggregate.

Die Ansprüche an die Ausfallzeiten der IP-Telefonie müssen sich daran messen lassen. Die Toleranz bei normalen Datennetzen liegt bei rund 5 % Ausfallzeit. Ein kurzfristiger Ausfall des gewöhnlichen Datenverkehrs ist erfahrungsgemäß lästig, aber in den seltensten Fällen kritisch. Ein solcher Wert wäre für VoIP allerdings unakzeptabel. Es müssen bei VoIP-Systemen also Maßnahmen ergriffen werden, um ein einwandfreies Funktionieren bei Stromausfällen zu gewährleisten. Allerdings bedürfen die meisten

Notfallsysteme eines Ausbaus, um den VoIP-Dienst neben dem normalen Datenverkehr im Notfall aufrecht zu erhalten. Es muss gewährleistet sein, dass im Notfall alle Systeme mit ausreichend Energie versorgt werden können. Ein Teil der Ausfallsicherheit kann durch alternative Verbindungswege wie ein zusätzlicher analoger oder mobiler Anschluss erhöht werden. Jedoch bleibt ein Restrisiko bei den anderen Netzwerkelementen wie Servern oder IP-Telefonen, da diese auf PC-Technologie basieren. Es gibt Meinungen, dass eben diese PC-Systeme nicht zuverlässig genug arbeiten, um eine nahezu 100-prozentige Verfügbarkeit zu gewährleisten. Aus diesem Grund ist es beispielsweise ratsam, nicht nur auf Software basierende IP-Telefone einzusetzen (vgl. Kapitel 3.4), sondern auch eigenständige IP-Telefone. Diese können auf der einen Seite unabhängig von einem PC arbeiten, falls dieser ausfällt. Auf der anderen Seite werden solche Geräte im Normalbetrieb vom PC aus gesteuert, um den vollen Vorteil einer gesamten Integration der Systeme auszuschöpfen. Natürlich kann auch die Server-Seite eines Systems von derartigen Problemen betroffen sein. Die heutigen Server-Produkte bieten in dieser Hinsicht gemeinhin zufrieden stellende Lösung.

VoIP soll generell nicht zu einer Verschlechterung der Notrufversorgung führen. Auf der anderen Seite sollten Notrufanforderungen aber auch nicht den Erfolg von VoIP gefährden. Ein Problem macht die nomadische Nutzung von VoIP, da hier die Standortbestimmung der Person, die den Notruf abgesetzt hat, schwierig ist. Eine Notrufverordnung ist zum Erscheinungszeitpunkt der vorliegenden Veröffentlichung noch nicht in Kraft getreten.

Kurz & bündig:

Was sind die Vorteile von VoIP?

- Kostensenkung - eine VoIP-Anlage ist in der Regel günstiger zu unterhalten als eine vergleichbare traditionelle Telefon-Anlage. Kosten für Anrufe können für bestimmte Verteilungen des Gesprächsaufkommens (intern, extern, Ausland ...) wesentlich reduziert werden.
- Integration verschiedener Anwendungen - VoIP bietet durch seine digitale Form die Möglichkeit, mit Anwendungen, wie beispielsweise Outlook, kombiniert zu werden.

Was sind die Nachteile von VoIP?

- Einführungskosten - obwohl die Technik langfristig helfen kann, Kosten zu senken, muss am Anfang zwangsläufig eine Investition getätigt werden.
- Sicherheit - da VoIP über Datennetzwerke läuft, müssen auch hier vorbeugende und schützende Maßnahmen gegen etwaige unrechtmäßige Zugriffe Dritter unternommen werden.
- Unterschiedliche Standards - einige Systeme werden nicht miteinander kompatibel sein. In welcher Größenordnung dies geschehen wird, bleibt abzuwarten.

Bietet VoIP neue Möglichkeiten des Marketings?

- Durch die Symbiose von Telefon- und Datennetzen ergeben sich neue Möglichkeiten der Kundenbindung und -betreuung. Kunden können in Zukunft beispielsweise durch einen einzelnen Klick auf einer Website direkt mit dem Kundenservice verbunden werden.

Kurz & bündig (Fortsetzung von Seite 23):

Benötige ich für VoIP zusätzliche Telefonleitungen oder neue Telefonnummern?

- Eine analoge Telefonleitung, sofern sie nicht für den Internetzugang benötigt wird, ist überflüssig.
- Telefonnummern für Internet-Telefonie werden ortsunabhängig vergeben, womit der Anwender weltweit (auf Dienstreise oder im Urlaub) immer unter einer einzigen Nummer erreichbar ist.
- Service Provider bieten darüber hinaus in der Regel Portierungsmöglichkeiten alter Nummern an (d. h. alte Nummern bleiben gültig).

Können meine Gespräche abgehört werden?

- Die Antwort lautet wie für jegliche Art der Telefonie: Ja. Doch ist dies bei VoIP leichter zu bewerkstelligen. Dagegen muss man sich mit geeigneten Gegenmaßnahmen auf jeden Fall schützen.

Wie steht es mit der Sprachqualität von VoIP verglichen mit der traditionellen Telefonie?

- Steht genügend Bandbreite zur Verfügung für den VoIP-Dienst, kann die Sprachqualität in Abhängigkeit des zugrunde liegenden Komprimierungsgrades CD-Qualität erreichen. Bei geringer Bandbreite für den VoIP-Dienst (durch geringe Bandbreitenzuordnung oder Überlastung der Netze) kann es allerdings zu erheblichen Einbußen der Sprachqualität, bis hin zu einer Nicht-Verfügbarkeit des Dienstes kommen.

Kann ein VoIP-System bei Stromausfall weiterhin betrieben werden?

- Eine VoIP-Anlage wird nicht wie das analoge Telefon von der Leitung mit der nötigen Spannung versorgt. Daher bedarf es eines Notstromsystems. Größere Unternehmen verfügen meist bereits über ein solches für die Datennetze. Für kleine Unternehmen bietet sich daher eventuell ein analoger Anschluss als Notsystem an.

3 Die Komponenten einer VoIP-Lösung

3.1 Drei Komponenten

Je nach Hersteller und Anbieter einer IP-PBX-Anlage werden die einzelnen Komponenten teilweise unterschiedlich bezeichnet oder sie sind integrativer Bestandteil einer Komponente. Im Folgenden werden die logischen Bestandteile eines jeden Systems kurz erläutert, um die grundsätzliche Architektur eines VoIP-Systems deutlich zu machen.

Grundsätzlich besteht ein IP-PBX-Netzwerk aus drei Komponenten (vgl. auch Abb. 3 Kap. 1):

1. Zentraler Bestandteil einer jeden Anlage ist der IP-PBX-Server oder auch Callmanager genannt.
2. Eine weitere Komponente ist der so genannte Gateway, der als Schnittstelle zwischen IP-Netzen und dem PSTN dient.
3. Schließlich befindet sich auf Seiten der Endanwender ein Telefonie-Client.

3.2 Server

Viele Anwendungen und Übertragungen in Datennetzwerken basieren auf dem Client/Server-Modell. Clients (einzelne PCs) starten Anfragen bezüglich gewisser Dienste (E-Mail-Dienste, Textverarbeitung, Datenbestandsverwaltung etc.) an Server-Rechner, welche diese Dienste ausführen und in der ausgeführten Form an den Client schicken.

Die IP-PBX bildet als IP-Telefonie-Server den Kern eines VoIP-Systems. Im PSTN ist die PBX häufig eine geschlossene Box - sie liefert alle Funktionen und Dienste, die man rund um die Telefonie braucht. Aber normalerweise sind dies auch proprietäre (urheberrechtlich geschützte) Systeme. Die Verwaltung eines solchen geschlossenen Systems ist somit allein den Anbietern solcher Systeme möglich. Bei VoIP kann eine IP-PBX auf einer PC-Plattform installiert werden, die wiederum auf diversen Betriebssystemen basieren kann (wie Microsoft Windows, Linux, Sun Solaris). Während Teile der IP-PBX auch in diesen Systemen proprietär sind, können immerhin die Plattformen durch Application Programm Interfaces (APIs) der Anbieter und durch die Standard-APIs des Betriebssystems verwaltet werden.

Jede IP-PBX bietet dieselben Funktionen wie die klassischen PBXen an; neue und innovative Funktionen werden bei der IP-PBX darüber hinaus schneller entwickelt werden können.

Der Server wird in aller Regel mit zusätzlichen Fähigkeiten ausgestattet, die dann auch das eigentliche Leistungspotenzial einer jeden IP-PBX ausmachen. Zu diesen Fähigkeiten gehören:

- **Halten** eines Anrufs
- **Transfer** eines Anrufs
- **Weiterleitung** eines Anrufs (Besetzt / Keine Antwort / Alle weiterleiten)
- **Schnellwahlmöglichkeiten** (Namenstasten)
- **Wartender** Anruf
- **ID** des Anrufers

Server sollten auch für „Least-cost-routing" (LCR) ausgelegt sein. LCR ermöglicht zu jeder Zeit den günstigsten Verbindungsaufbau zu suchen. Aber gleichzeitig muss der Server die Mindestanforderungen für die Qualität des Dienstes („Quality of Service" - QoS) erreichen. Diese beiden Konzepte können daher durchaus im Widerspruch zueinander stehen.

3.3 Gateways und Router

VoIP-Gateways und Router schicken die einzelnen Sprach-Pakete über die IP-Netzwerke. Dabei bilden die VoIP-Gateways eine Brücke zwischen dem VoIP- und dem PSTN-Netzwerk. Sie bilden ein wichtiges Element bei der Migration, weil nur wenige Netzwerke ausschließlich auf VoIP umgestellt sind.

In einer Unternehmensstruktur können Gateways dazu dienen, vorhandene PBX-Anlagen mit der neuen Technik zu verbinden und bieten so eine sanfte Migration mit einem schrittweisen Einsatz von VoIP.

3.4 Client / IP-Telefon

Benutzt man ein analoges (klassisches) Telefon, so findet die Umwandlung des Signals in digitale Pakete (Datagramme) in der IP-PBX statt, bevor sie ins IP-Netz geschickt werden.

Alternativ kann diese Umwandlung auch direkt im Telefon erfolgen. Diese neuen digitalen Telefone werden auch IP-Telefone genannt. Sie haben einen LAN Anschluss, mit dem sie sich mit dem IP-Telefonie-Server verbinden, der dann wiederum den Verbindungsaufbau übernimmt.

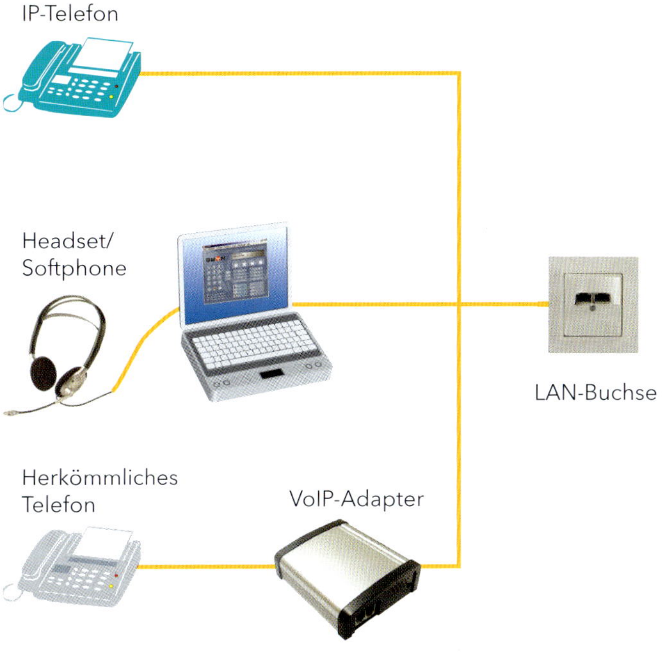

Abbildung 5: Client-Übersicht

IP-Telefone im traditionellen Design besitzen neben der einfachen Wahlmöglichkeit eine kleine LCD-Anzeige, die Zugang zu weiteren Funktionen bietet: Blättern durchs Adressbuch, Direktnachrichten versenden, Konfigurieren des Gerätes (z. B. für Telefonkonferenzen) oder die Funktion, dass eine gerade besetzte Nummer bei frei werden automatisch erneut gewählt wird. Manche Geräte basieren auch auf einer Basisstation mit schnurlosem Telefon. Das IP-Telefon in Form eines klassischen Telefons kann unter mehreren Umständen die sinnvollere Wahl sein: es läuft bei ausgeschaltetem PC; wenn Mitarbeiter die klassische Telefongewohnheit Kopfhörer und Mikrofon vorziehen; als Maßnahme zur Ausfallsicherheit im Falle eines Stromausfalls; und wenn ein Headset-System technisch nicht möglich ist, z. B. bei Terminal-Lösungen.

Prinzipiell in derselben Art funktionieren auch die so genannten Softphones, die direkt über einen PC bedient werden. Eine Software wird installiert, die die Wahlfunktionen und Zusatzdienste als Benutzeroberfläche in jedem Betriebssystem anzeigen. Als Hörer dient ein Kopfhörer mit Mikrofon (Headset), den man an den Eingang der Soundkarte des PCs anschließt. Oder aber man verwendet ein USB-Hörer (ein herkömmlicher Hörer mit einer USB-Schnittstelle), den man auch direkt am PC einstecken kann. Gewählt werden kann dann über Tastatur oder Maus. Der Computer ist wie das IP-Telefon über ein LAN-Kabel mit dem IP-Telefonie-Server verbunden.

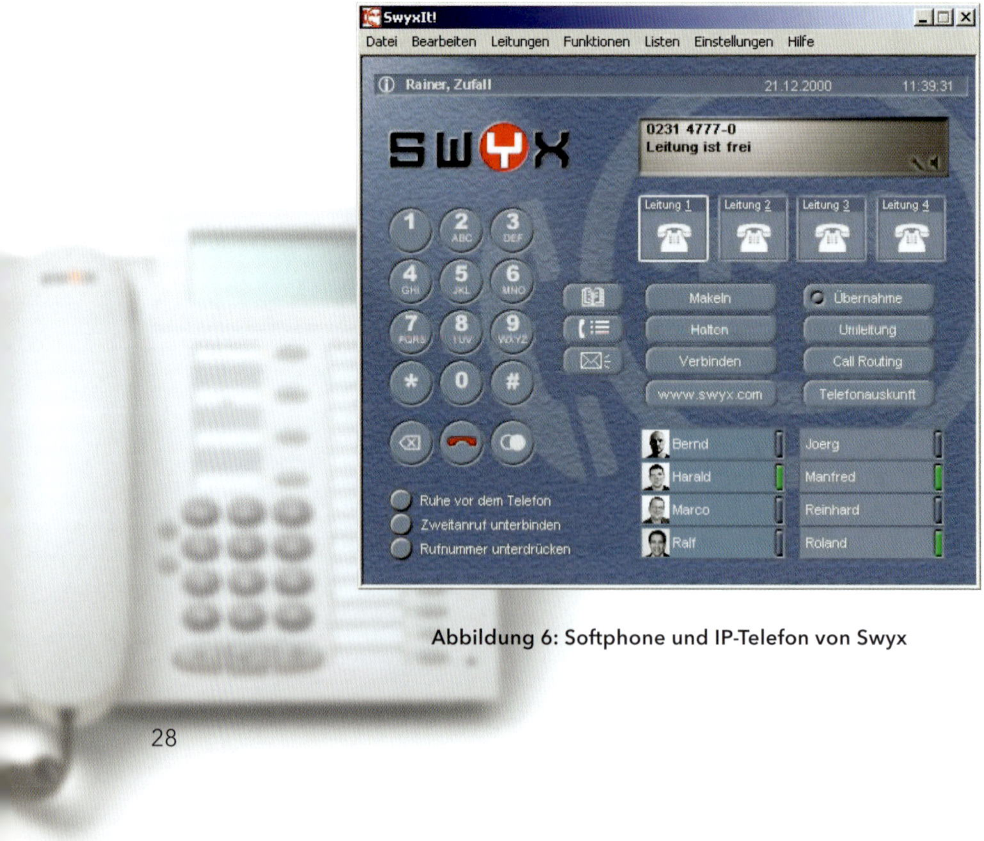

Abbildung 6: Softphone und IP-Telefon von Swyx

Als Software bietet ein IP-Client dem Benutzer eine Oberfläche mit Menüs und Funktionen, die der Benutzer mit seiner Maus anwählen kann. Diese Programme sind konfigurierbar und können vom Benutzer innerhalb der Firma von jedem beliebigen PC aus verwendet werden.

Vor- und Nachteile von Endgeräten

IP-Telefon

Voraussetzung: Router/Switch
+ Direktwahl von SIP-Adressen möglich
+ Können am Router direkt eingesteckt und wie ein herkömmliches Telefon benutzt werden
+ Rechner entfällt
+ Stand-alone Lösung
− Müssen separat mit Strom versorgt werden

Softphone

Voraussetzung: PC, Software
+ Gleichzeitiges Arbeiten am PC möglich
+ Hohe Portabilität und Mobilität
+ Wegfall der Kosten für Telefone
− Computer muss eingeschaltet sein
− Eine Software muss installiert werden und der Benutzer muss sich mit der Oberfläche vertraut machen
− Neue Telefongewohnheiten

Herkömmliches Telefon

Voraussetzung: VoIP-Adapter muss zwischengeschaltet werden
+ Geeignet für Teilnehmer, die auch weiterhin ihr altes Gerät benutzen wollen
+ Keine Neuanschaffungen für Endgeräte notwendig
− Ein VoIP-Adapter muss zwischengeschaltet werden
− Neue Funktionen der IP-Telefonie unter Umständen nur eingeschränkt möglich

Kurz & bündig:

Funktioniert VoIP wie mein bisheriges Telefon?

- IP-Telefone gibt es auch im herkömmlichen Design und mit ähnlicher Bedienungsweise wie die bisherigen Apparate; man kann mit VoIP aber auch per Kopfhörer und Mikrofon über den PC oder Laptop telefonieren (so genannte Softphones).

Benötigen beide Gesprächspartner VoIP?

- Nein. Überleitungsstellen (Gateways) ermöglichen die Zusammenschaltung der alten und neuen Technik.

4 VoIP in der Praxis

4.1 Ist Ihr Internet-Zugang VoIP-fähig?

Grundvoraussetzung für VoIP ist ein Breitband-Internet-Zugang, z. B. DSL. Grundsätzlich ist die Bandbreite an die Größe und Anforderungen der Unternehmen gerichtet. Benutzt ein Unternehmen zusätzlich Terminal-Lösungen auf Servern von Dienstleistern, wird von vornherein mehr Bandbreite benötigt. Mit der Implementierung eines VoIP-Systems ändern sich natürlich auch die Anforderungen an die Internet-Anbindung. Je mehr aus- und eingehende Gespräche ein Unternehmen nun von der herkömmlichen auf die IP-Telefonie verlagert, desto mehr Kapazität bei der Internetanbindung muss geschaffen werden, damit allen Anwendungen genügend Bandbreite zur Verfügung steht.

4.2 Ist Ihr Netzwerk VoIP-fähig?

Entschließt man sich zu einer Umstellung oder teilweisen Integration von VoIP in bestehende Netzwerkstrukturen, bedarf es zunächst einer gründlichen Analyse der bestehenden Kapazitäten und Komponenten. Denn das lokale Ethernet (LAN) ist wie das Internet eigentlich gar nicht auf Telefonie ausgelegt. Des Weiteren sollten die Anforderungen an ihr Netzwerk, der Betriebszustand des Netzwerks und die Infrastruktur, die Lieferanten und IT-Partner, und die Prioritäten hinsichtlich der Anwendungen, die auf Ihrem Netzwerk laufen sollen, festgelegt werden. Ein VoIP-System kann nicht ohne Weiteres über existierende Systeme installiert werden. Bestehende Netzwerk-Komponenten mit mangelnder Intelligenz und veralteter Technik sollten ausgetauscht werden. Eine andere Frage ist, ob die verschiedenen Systeme offen genug sind für Erweiterungen, wenn z. B. weitere Telefonanlagen hinzugefügt werden sollen.

Die Berechnung der Bandbreite sollte großzügig ausfallen. Man darf bei der Planung nicht vergessen, dass andere Datenanwendungen auch weiterhin über das Computernetzwerk laufen. Terminallösungen brauchen beispielsweise überraschend viel Bandbreite für ein einwandfreies Funktionieren. Entscheidend für die Leistungsfähigkeit des lokalen Netzes sind auch die internen Verteilstellen, die so genannten Switches. Wenn sie nicht für den Sprachverkehr ausgelegt sind, gerät der Datenfluss hier ins Stocken. Ältere Varianten so genannter Switches der Schicht 2 und der Schicht 3 (siehe auch Kap. 8.4) müssen eventuell ausgetauscht werden, wenn sie die Datenpakete nicht mehr korrekt durch das Netz leiten können. Sinnvoll ist es in jedem Fall, bereits bei der Konzeption das Sprachnetz virtuell und logisch vom Datennetz zu trennen, obwohl beide dieselbe Infrastruktur von Kabeln und Festplatten nutzen. So wird vermieden, dass der Ausfall eines Kommunikationskanals alle anderen Kanäle erfasst.

Natürlich muss beachtet werden, dass der zunehmende Datenstrom durch VoIP vor allem das firmeninterne Netzwerk auslasten und verstopfen kann. Wird VoIP dann ungenügend Bandbreite zur Verfügung gestellt, kann es in „Stoßzeiten" zu Beeinträchtigungen des Dienstes kommen.

4.3 Die sanfte Migration

Wie bereits erwähnt, bietet es sich für die meisten Unternehmen aus ökonomischen Gesichtspunkten an, die vorhandene Technologie bei Bedarf mit der neuen Technologie zu erweitern und die vorhandenen Systeme schrittweise zu ersetzen. Es existieren mittlerweile Hybridlösungen, die neben einem IP-Endgerät auch eine herkömmliche Telefonanlage in das System einbeziehen können. Dadurch wird die bisher klaffende Lücke zwischen Internet- und traditioneller Telefonie geschlossen. Der Telefondienst erscheint trotz VoIP-Technologie äußerlich hinsichtlich Anschlussmöglichkeiten und Leistungsmerkmalen wie ein herkömmlicher Telefonanschluss. Der Vorteil: Die Unternehmen können ihre bestehenden TK-Anlagen weiter nutzen und sukzessive in Richtung Internet-Telefonie wechseln, ersparen sich also die Anschaffung einer neuen TK-Anlage. Diese Systemlösung bietet sich an für Unternehmen, die die Vorteile der Internet-Telefonie nutzen wollen, bestehende Anlagen aber noch weiter nutzen wollen.

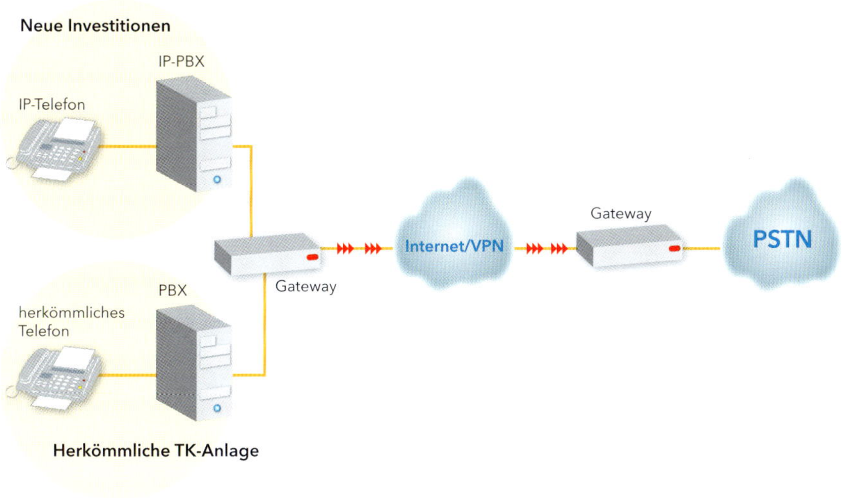

Abbildung 7: Bei der sanften Migration bleiben Komponenten der alten Anlage erhalten

4.4 Einführung von VoIP im Unternehmen

Die VoIP-Einführung im Unternehmen ist oft mit verschiedenen Fragen verbunden. Die nachfolgende Checkliste soll dabei helfen, diese Fragen zu identifizieren und die richtige VoIP-Lösung zu finden.

- Welches Budget ist für die VoIP-Einführung eingeplant? Mit welchen Kosteneinsparungen wird gerechnet? (vgl. Kap. 2.1)
- Welche zusätzlichen Dienste sollen im Rahmen von VoIP betrieben werden? (vgl. Kap. 2.2 und 2.3)
- Wie sieht es mit den Telefonnummern aus? Will ich eine einheitliche Telefonnummer, über die ich weltweit erreichbar bin? Will ich meine alte(n) Nummer(n) weiter betreiben? (vgl. Kap. 2.4)
- Habe ich genug Bandbreite, damit eine gute Sprachqualität erreicht werden kann? (vgl. Kap. 2.7, 2.9, 2.10, 4.1, 4.2)
- Ist das Datennetzwerk für VoIP sicher genug? (vgl. Kap. 2.8)

- Ist die Möglichkeit eines Notrufs zu jeder Zeit sicher gestellt? (vgl. Kap. 2.11)
- Mit welchen Hardware-Komponenten will ich die VoIP-Lösung realisieren? (vgl. Kap. 3)
- Sollen bzw. müssen bisherige TK-Geräte wie analoge Telefone weiter betrieben werden? Falls ja, können diese bei einer sanften Migration eingebunden werden? (vgl. Kap. 4.3)

Aufgrund der Tatsache, dass es bei VoIP je nach Branche und Unternehmen eine ganze Reihe individueller und unterschiedlicher Lösungen gibt, wollen wir an dieser Stelle auf die Webseiten der verschiedenen Anbieter verweisen. Dort finden Sie für Ihre Branche oder Unternehmensanforderungen passende Anwenderberichte, die Ihnen bei Ihren Überlegungen und Planungen mit Sicherheit weiterhelfen können. Links zu den Webseiten der Anbieter finden Sie im nächsten Kapitel.

Kurz & bündig:

Ist mein Datennetzwerk VoIP-fähig?

- Alle Netze bedürfen zuerst einer gründlichen Prüfung auf VoIP-Tauglichkeit. Die meisten Netzwerke müssen in der Regel aber mit zusätzlichen oder moderneren Komponenten ausgerüstet werden, um einen einwandfreien IP-Telefonie-Dienst zu ermöglichen.

Kann ich meine alte Telefonanlage weiterhin benutzen?

- Neben einer kompletten Umstellung kann man auch den Weg einer graduellen Migration einschlagen, so dass alte Komponenten weiterhin teilweise benutzt werden können.

Was muss ich bei der Einführung von VoIP generell beachten?

- Für diese Frage bitte die Checkliste auf S. 33 beachten.

5 Anbieter

5.1 Wachsender Wettbewerbsdruck

Mit der zunehmenden Nachfrage nach Lösungen für VoIP-Systeme erfolgt auch ein rascher Anstieg der Zahl der Anbieter auf dem Markt. Heute gibt es eine große Anzahl von Herstellern für Hardware, Software, und komplette Netzwerklösungen. Dasselbe gilt für die eigentliche Bereitstellung von VoIP-Diensten: Stammten die ersten VoIP-Dienste in der Regel von Internet Service Providern (Unternehmen, die einen Zugang zum Internet anbieten), stehen mittlerweile aber auch die Netzbetreiber unter Druck, VoIP-Dienste in ihr Angebot mit aufzunehmen. Es ist anzunehmen, dass VoIP die Marktstruktur mit wachsender Akzeptanz der Anbieter und mit zunehmender Umstellung der gesamten Telefonie auf die paketvermittelte Übertragung stark verändern wird. Der Wettbewerb rund um die Dienste der IP-Telefonie nimmt an Fahrt auf. Wahrscheinlich werden eine Anzahl von VoIP-Diensteanbietern, die sich jetzt auf dem Markt befinden, sich nicht lange halten können, da die Margen bei der IP-Telefonie doch sehr gering sind. Bei der Auswahl eines Anbieters und einer längerfristigen Zusammenarbeit sollte man sich deshalb schon genauer informieren.

5.2 Neue und alte Betätigungsfelder für Anbieter

VoIP ist eine Technologie, die das Zusammenwirken von verschiedenen Komponenten und Dienstleistungen in einem System vereint. Dies ermöglicht Anbietern, sich in den unterschiedlichen Teilbereichen zu spezialisieren.

Bei den Anbietern der Infrastruktur ist auch hier eine bestimmte Konvergenz zu erkennen.

Telekommunikations-Anbieter werten ihr Angebot durch die IP-Telefonie auf. Infrastrukturbasierte Anbieter bieten VoIP meist mit eigenrealisiertem Breitbandanschluss und Internetzugang an, womit ein vollständiger Ersatz des traditionellen Telefonanschlusses angestrebt wird.

Auch Internet-Service-Provider (ISP) erweitern ihre Angebote um VoIP-Dienste. Dabei können diese unterschiedlich realisiert werden: Der VoIP-Dienst wird gebündelt mit einem Breitbandanschluss (häufig T-DSL-Resale-Produkt der Deutschen Telekom AG) und einem Internetzugang angeboten und der Kunde muss weiterhin einen PSTN-Telefonanschluss abnehmen. Eine andere Möglichkeit ist, dass der ISP den VoIP-Dienst zusammen mit einem Internetzugang anbietet, wobei ein DSL-Anschluss sowie Telefonanschluss eines anderen Anbieters vorausgesetzt wird. Darüber hinaus ist es auch möglich, dass VoIP-Dienste separat angeboten werden, d.h. die Dienste auf einen bereits vorhandenen Breitbandanschluss und Internetzugang anderer Anbieter zurückgreifen.

Eine weitere Möglichkeit, VoIP zu realisieren, bieten Anbieter von Software-Lösungen basierend auf dem Internet Protokoll, welche dann auf herkömmlichen Windows- oder Linux-Rechnern betrieben werden können (IP-PBX).

Alternativ zu einer unternehmensinternen Infrastruktur ermöglichen Anbieter die Auslagerung („Outsourcing") ganzer Telefonanlagen. Dieser Markt wird sich in den kommenden Jahren weiter ausbilden.

Wie erwähnt müssen viele Firmennetzwerke erst VoIP-tauglich gemacht werden. Dies bedeutet eine erhöhte Nachfrage für die Anbieter von Netzwerkinfrastrukturen, die z.B. LANs oder Server neu konfigurieren oder installieren müssen. Des Weiteren wächst die Nachfrage nach neuen VoIP-Endgeräten, sei es in der Form einer Hardware (SIP-Telefon) oder Software (Softphone). Auch in diesem Segment ist der Markt sehr stark in Bewegung. Die Nachfrage nach Systemen mit Schnittstellen ist auch groß, da viele Unternehmen vorläufig auf Hybridlösungen zurückgreifen werden und mittelfristig sowohl das PSTN als auch das Internet zum Telefonieren benötigt wird.

Mit Verbindungsentgelten wie beim Festnetz oder Mobilfunk wird allem Anschein nach bei der IP-Telefonie nicht viel zu verdienen sein. Vielmehr liegt die Verdienstmöglichkeit bei den Verbindungsdiensten in der Bereitstellung des Breitbandzuganges an sich. Reine VoIP-Verbindungsanbieter müssen daher ihre Geschäftsmodelle gut durchdenken, um sie mit zusätzlichen Diensten attraktiv für Kunden zu gestalten und aufzuwerten.

Die wachsende Nachfrage nach VoIP-Lösungen bietet natürlich auch ein breites Betätigungsfeld für beratende Funktionen bezüglich der richtigen Implementierung eines VoIP-Systems.

Es wird mittelfristig eine Entbündelung von Breitbandanschluss (wie DSL) und Telefonanschluss angestrebt. Damit soll es für den Endkunden möglich sein, VoIP über einen breitbandigen DSL-Anschluss zu realisieren, ohne gleichzeitig einen PSTN-Anschluss zahlen zu müssen. Dies soll für mehr Wettbewerb und damit für mehr Anbieter und weitere Dienste sorgen. In der Folge ist anzunehmen, dass sich auch die Preise nach unten anpassen werden.

Informationen zum Thema Regulierung von VoIP finden Sie bei der Bundesnetzagentur für Elektrizität, Gas, Telekommunikation, Post und Eisenbahnen unter **www.bundesnetzagentur.de**. Die Bundesnetzagentur hat zum Ziel, Rahmenbedingungen zu schaffen, um die Chancen und Potenziale von VoIP nutzen zu können.

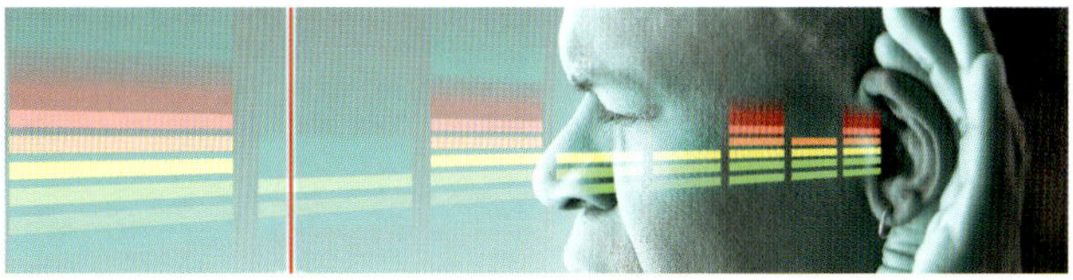

5.3 Ansprechpartner

Für die meisten Unternehmen bieten sich in erster Linie ihre bestehenden IT-Partner oder die Bereitsteller der TK-Anlage als erste Anlaufstellen an. Wie bereits erwähnt werten sowohl IT-Systemhäuser als auch TK-Dienstleister derzeit ihre Angebote mit VoIP auf. Bezüglich der benötigten Hardware- oder Systemanforderungen kann hier eine erste Analyse oder Planung vorgenommen werden. Je nach Größe der anstehenden Investitionen und Tragweite der Implementierungen auf das Geschäft können zur Beratung über die richtige Strategie dafür spezialisierte Dienstleister herangezogen werden. Dies bietet sich insbesondere für Unternehmen an, für die die Telefonie einen geschäftskritischen Aspekt darstellt.

Aktualisierte Anbieterlisten und verschiedene Strategien zu VoIP-Implementierungen bietet die folgende Website:

- **www.voipprofi.de**

Generelle Informationen zu VoIP finden Sie auf folgenden Seiten:

- **www.voip-info.de**
- **www.voip-informer.de**
- **www.voip-sip.de**
- **www.voip-aktuell.com**
- **www.onlinekosten.de/voip**
- **www.teltarif.de/i/voip.html**

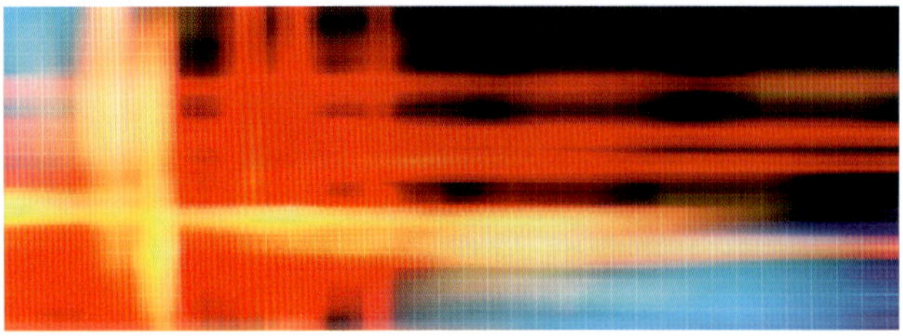

6 Fazit

VoIP stellt das zukünftige Modell der Telefonie dar. Die leitungsvermittelte Telefonie wird mittelfristig zumindest teilweise ihren Platz für die IP-Telefonie räumen. Für Unternehmen bedeutet dies, dass sie früher oder später ihre derzeitige Technik erneuern müssen. Eine Umstellung muss jedoch nicht „von heute auf morgen" erfolgen. Für die meisten Unternehmen wird es am sinnvollsten sein, den Weg einer sanften Migration einzuschlagen.

Die neue Art der Telefonie bietet neben Kostenvorteilen (vor allem beim Verbindungsentgelt) und neuen und innovativen Diensten auch Möglichkeiten von Synergieeffekten. Wer schon heute umrüstet, der kann sofort in den Genuss dieser Vorteile kommen. Allerdings sollte beachtet werden, dass die neue Technik derzeit auch noch Nachteile birgt: Oft lässt die Sprachqualität zu wünschen übrig und dem möglichen Missbrauch von Daten durch unbefugte Dritte stehen teilweise noch zu wenige Sicherheitsmaßnahmen gegenüber. Wer nur die Vorteile der Kostenersparnis, der zentralen Verwaltung der Datennetze und der neuen Dienste in Betracht zieht, sein Netzwerk aber nicht hinreichend auf die IP-Telefonie vorbereitet oder die verbundenen Sicherheitsrisiken außer Acht lässt, der kann mit VoIP mehr Probleme haben als ihm Recht ist.

Mittelfristig ist eine Umstellung auf IP-Telefonie empfehlenswert und notwendig. Dennoch sollte zum derzeitigen Zeitpunkt nichts überstürzt werden. Die vorhandenen Anlagen erfüllen schließlich immer noch ihren primären Zweck. Wer allerdings in einer raschen Umstellung auf die IP-Telefonie einen Wettbewerbsvorteil sieht, dem steht bereits eine Fülle von Lösungen parat.

7 VoIP-Anbieter-Verzeichnis

(ohne Anspruch auf Vollständigkeit)

- 1&1 Internet AG
  www.1und1.de
- 1XNET GmbH
  www.1xnet.de
- 3U TELECOM AG
  www.3utelecom.de
- AdvanceCall GmbH & Co. OHG
  www.advancecall.de
- AOL Deutschland GmbH & Co. KG
  www.aol.de
- Arcor AG & Co.
  www.arcor.de
- Axxeso Telecommunications Ltd.
  www.axxeso.de
- BCC Business Communication Company GmbH
  www.bcc.de
- Bellshare GmbH (Produkt SipSnip)
  www.sipsnip.com/de
- broadnet mediascape Communications AG
  www.broadnet.de
- ccn corporate communication networks GmbH
  ccn.net
- Claranet GmbH
  www.claranet.de
- COLT Telecom GmbH
  www.colt.de
- DBD Deutsche Breitband Dienste GmbH
  www.dbd-breitband.de
- debitel AG
  www.debitel.de
- DNS:NET Internet Service GmbH
  www.dns-net.de
- dus.net GmbH
  www.dus.net
- econo Deutschland GmbH
  www.econo-deutschland.de
- ewt GmbH
  www.ewttss.de
- flyfone
  www.flyfone.de
- freenet.de AG
  www.freenet.de/freenet/
- GMX GmbH
  www.gmx.de
- Greennet
  www.greennet.de
- Host Europe GmbH
  www.hosteurope.de

- ish NRW GmbH
  www.ish.de
- Interoute Communications i-21 Germany GmbH
  www.interoute.de
- Kabel Baden-Württemberg GmbH & Co. KG
  www.kabelbw.de
- Kabel Deutschland GmbH
  www.kabeldeutschland.de
- KAMP Netzwerkdienste GmbH
  www.kamp-dsl.de
- KGT new media
  www.k-dsl.de
- Lycos Europe GmbH
  www.lycos.de
- MDCC Magdeburg-City-Com GmbH
  www.mdcc.de
- net.art communications GmbH (Produkt Conexio)
  www.conexio.de
- NetCologne Gesellschaft für Telekommunikation mbH
  www.netcologne.de
- NETHINKS GmbH
  www.nethinks.com
- nikotel Inc.
  www.nikotel.de
- PBX-network Ltd.
  www.pbx-network.de
- PepPhone GmbH
  www.pepphone.de
- PrimaCom AG
  www.primacom.de
- Probstei Telekom
  www.probstei-telekom.de
- PURtel.com
  www.purtel.com
- QSC AG
  www.qsc.de
- Quelle Aktiengesellschaft
  www.quelleline.de
- S&P data GmbH
  www.termindoc.de
- Savecall telecommunication consulting
  www.savecall.de
- Schlund+Partner AG
  www.schlund.de
- SDTelecom Telekommunikations GmbH
  www.sdtelecom.de
- simplyConnect – R&M Technologies GbR
  www.simply-connect.de
- sipgate / Indigo Networks GmbH
  www.sipgate.de
- SiPHome
  www.siphome.de
- sipNetworks.de
  www.sipnetworks.de
- Skype Technologies S.A.
  www.skype.com
- SpeedNetwork GmbH
  www.speednetwork.de

- Strato Medien AG
  www.strato.de
- TelDaFax GmbH
  www.teldafax.de
- telebinder GmbH
  www.telebinder.de
- Tele Columbus GmbH & Co. KG
  www.tc-west.de
- Telefónica Deutschland GmbH
  www.telefonica.de
- TelemaxX Telekommunikation GmbH
  www.telemaxx.de
- Tiscali GmbH
  www.tiscali.de
- tlink International GmbH
  www.t-link.de
- T-Online International AG
  www.t-online.de
- toplink-plannet GmbH
  www.toplink.de
- WEB.DE GmbH
  www.web.de
- Wikom Elektrik GmbH
  www.bernaunet.de
- Yahoo! Deutschland GmbH
  www.yahoo.de

Anbieter von VoIP-Systemen, VoIP-Hardware, IP-Telefonen sowie VoIP-Softphones

(ohne Anspruch auf Vollständigkeit)

- 3Com
  www.3com.de
- 4S newcom
  www.4snewcom.de
- Aastra DeTeWe Deutschland GmbH
  www.ascotel.de
- ADS Networks GmbH
  www.ads.de
- Alcatel Deutschland GmbH
  www.alcatel.de
- Avaya GmbH & Co. KG
  www.avaya.de
- AVM Computersysteme Vertriebs GmbH
  www.avm.de
- CBC ComputerBusinessCenter GmbH
  www.cbc-ag.de
- Cisco Systems GmbH
  www.cisco.de
- Clarity AG
  www.clarity-ag.net
- Cycos AG
  www.cycos.de
- CYTEL Software GmbH
  www.cytel.de
- DAFÜR GmbH
  www.dafuer.com

- DATUS AG
  www.datus.com
- Ericsson
  www.ericsson.com
- FMN communications GmbH
  www.fmncom.com
- Funkwerk Enterprise Communications GmbH
  www.funkwerk-ec.com
- innovaphone AG
  www.innovaphone.de
- i-p-tel GmbH
  www.i-p-tel.com
- JAJAH Inc.
  www.jajah.com
- Konftel
  www.konftel.com
- MATERNA GmbH
  www.annyway.de
- media-streams.com ag
  www.media-streams.com
- Mitel Networks
  www.mitel.com
- NEC Infrontia Ltd
  www.nec-i.de
- Nero AG
  www.nero.com
- Nortel Networks
  www.nortel.com
- Panasonic Deutschland
  www.panasonic.de
- Philips GmbH
  www.philips.de
- Phoner.de
  www.phoner.de
- Polycom
  www.polycom.com
- QSC AG
  www.qsc.de
- Siemens Aktiengesellschaft
  www.siemens.de
- sipgate / Indigo Networks GmbH
  www.sipgate.de
- Snom
  www.snom.com
- Swyx Solutions AG
  www.swyx.com/de
- TEDAS Technology GmbH
  www.tedas.de
- Telefonbau Arthur Schwabe GmbH & Co KG
  www.tas.de
- tevitel AG
  www.tevitel.de
- thetakom. telekommunikations-systeme GmbH
  www.thetakom.de
- TIPTEL AG
  www.tiptel.de
- Vierling
  www.vierling.de

8 Anhang: Hintergrundwissen VoIP

8.1 Funktionsweise PSTN

Im Folgenden werden die einzelnen Schritte eines Verbindungsaufbaus und Aufrechterhaltung im leitungsvermittelten Netz erläutert:

1. Der Anrufer nimmt den Hörer ab und wartet auf das Freizeichen.
2. Die Telefonnummer des gewünschten Gesprächspartners wird eingegeben.
3. Signale werden durch das Netzwerk gesendet um eine dedizierte Leitung zu schalten. Kapazität und Bandbreite werden für den Anruf festgelegt.
4. Das Telefon des angerufenen Teilnehmers signalisiert, dass ein Anruf angekommen ist.
5. Der angerufene Teilnehmer nimmt den Hörer zum Sprechen ab. Die Sprache wird im Zentrum des Netzwerkes von einem analogen in ein digitales Signal gewandelt und an den peripheren Komponenten wieder von einem digitalen in ein analoges Signal.
6. Nachdem das Gespräch beendet wurde, erfolgt die Abrechnung der Gesprächskosten, die geschaltete Leitung wird aufgehoben, und die Ressourcen wieder freigegeben.

8.2 TCP/IP

Das Internet Protokoll wurde in den 70er Jahren bei der Defense Advanced Research Projects Agency (DARPA) entwickelt. Die TCP/IP-Architektur (Transaction Control Protocol und Internet Protocol) wird im Allgemeinen als vierschichtiges Modell beschrieben. Die Schichtung beruht auf dem Prinzip, dass eine Schicht die angebotenen Dienste der darunter liegenden Schicht in Anspruch nehmen kann. Dabei braucht die Schicht, die die Dienstleistung in Anspruch nimmt keinerlei Kenntnisse darüber zu haben, wie die geforderten Dienste erbracht werden. Auf diese Art und Weise wird eine Aufgabenteilung der Schichten erreicht.

Die Protokoll-Familie TCP/IP bildet die Grundlage für das Internet und alle gängigen Unternehmensnetzwerke. Computerprogramme senden und empfangen Daten über ein IP-Netzwerk, indem sie Anfragen an das so genannte TCP/IP-Stack macht. Das TCP/IP-Stack im lokalen Rechner, von dem die Anfrage ausgeht, tauscht daraufhin Informationen mit dem TCP/IP-Stack des Zielrechners bezüglich des Transfers der gewünschten Daten aus. Diese Informationen beinhalten die Größen der Datenpakete (Datagram), die Identifizierung jedes Datagrams (Header), und was im Falle des Verlusts oder der Beschädigung eines Datagrams geschehen soll.

8.3 Funktionsweise VoIP

Im Folgenden werden die einzelnen Schritte eines Verbindungsaufbaus im paketvermittelten Netz erläutert:

1. Der Anrufer nimmt den Hörer ab und hört den Wählton.
2. Der Anrufer wählt die gewünschte Nummer, welche vom System in die entsprechende IP-Adresse aufgelöst wird.
3. Protokolle starten den Verbindungsaufbau, indem sie den gewünschten Anrufteilnehmer lokalisieren (bzw. seinen Anschluss), und senden ein Signal, um den Klingelton zu erzeugen.
4. Das Telefon des gewünschten Teilnehmers läutet und signalisiert so dem Angerufenen, dass ein Gespräch angekommen ist.
5. Der Teilnehmer nimmt das Gespräch entgegen, und die Unterhaltung beginnt. Die Audio-Übertragung wird in kodierter Form mit Hilfe eines Audio-Streaming-Protokolls direkt über das IP-Netz zwischen den Teilnehmern hin und her geschickt.
6. Das Gespräch wird beendet, alle Übertragungen gestoppt und die Berechnung der Kosten erfolgt.

8.4 Funktionsweise Router / Switches

Switches (Weichen) bilden die zentrale Komponente des PSTN. Sie lenken den Datenverkehr von einem Punkt zum anderen, und sorgen für die dedizierte Leitungsschaltung. Die Verbindungen zwischen zwei Switches nennt man „Trunk". Solche Trunks benutzen so genannte Multiplexing-Technologie, um verschiedene Gespräche über dieselbe Verbindung zu übertragen.

Das Switch, an das die Endgeräte angeschlossen werden, ist ein Klasse-5-Switch; es ist der erste Zugangspunkt ins Netz, und wird in aller Regel vom lokalen Telefondienst unterhalten (Local exchange carrier - LEC). Das lokale Switch wandelt das analoge Signal des Endgerätes in ein digitales Signal um, welches dann über die Trunks zum nächsten Switch übertragen wird. Das nächste Switch wird auch Tandem-Switch genannt und wird von einem interexchange carrier (IXC) betrieben. Diese Switches werden auch Klasse 1, 2, 3, oder 4 genannt, und übertragen die nun massiven Anrufvolumen zu einzelnen Klasse 5 Switches oder weiteren Tandem Switches über lange Strecken.

In VoIP-Systemen bilden die IP-Router analog zum PSTN die Switches. IP-Router untersuchen die Header der Pakete und anhand dieser Information leiten sie sie entweder an den nächsten Router im Netzwerk weiter, oder aber schicken sie an die Zieladresse im eigenen Netz.

8.5 Domain Name System (DNS)

Das DNS ist eine Datenbank, die im Internet für die Namensraumverwaltung zuständig ist. Es ordnet jedem Namen im Internet (z. B. www-Seiten) eine eindeutige IP-Adresse zu (bestehend aus einer Ziffernfolge). Jeder www-Seite und jedem Rechner (oder zukünftig auch IP-Telefon) im Internet ist so eine eindeutige IP-Adresse zugeordnet. Für Internet-Benutzer reicht es, sich die Domain einer Internet-Seite zu merken (z. B. **www.hessen-it.de**) und im Web-Browser einzutippen. Das DNS ordnet diesem Namen seine eindeutige IP-Adresse zu, um die Seite, die auf irgendeinem Server gespeichert ist, zu finden und aufzurufen.

Die DNS-Infrastruktur und die ENUM-Protokollerweiterung sollen dieses Prinzip auf die Internet-Telefonie übertragen. Allerdings lässt sich bei ENUM die Domain nicht frei wählen, sondern ist an die vorhandene Telefonnummer gebunden (die Telefonnummern werden nach einer vorgegebenen Methode umgewandelt, und mit einer Sub-Domain versehen (z. B. arpa.de)).So kann im Gegensatz zu frei wählbaren Internet-Domains bei ENUM nur der Inhaber einer Telefonnummer die entsprechende ENUM-Domain beantragen.

9 Glossar

Client

Ein PC, oder aber auch ein D IP-Telefon in Datennetzwerken wird auch als Client bezeichnet. Verschiedene Clients teilen sich mindestens einen Server, der in der Regel angefragte Aufgaben für die Clients erledigt, und die Ergebnisse wieder zurücksendet.

Codec

Akronym aus „Coding" und „Decoding", das die Methode des Kodierens und Dekodierens beschreibt, wie z. B. bei der Umwandlung des analogen in ein digitales Signal. Häufig werden die Daten dabei auch komprimiert.

Digitalisierung

Schrift, Wort oder Bild, werden einzig und allein in binärer Form (0 und 1) ausgedrückt. Diese können dann z. B. durch Lichtsignale (0=aus, 1=ein) übertragen werden.

ENUM

Steht für die Methode, die die klassischen Telefonnummern in Internet-taugliche Adressen umwandelt. Sie hilft so, das klassische Telefonnetz mit dem Internet zu verbinden.

Gateway

Kann als Einfalltor, Durchgang oder Schnittstelle übersetzt werden. Ein Gateway ermöglicht es, Anrufe aus dem VoIP-Netz in das klassische Telefonnetz (und umgekehrt) zu tätigen.

H.323

Protokoll-Spezifikation der International Telecommunications Union (ITU) als Standard für die Internet-Telefonie. Es verwaltet den Verbindungsaufbau und -abbruch und komprimiert Daten.

IETF

Internet Engineering Taskforce. Ein internationales Gremium, das über die Änderungen bestehender und die Einführung neuer Standards für das Internet entscheidet.

Internet-Telefonie

→ **IP-Telefonie**.

IP-Telefonie

Wird auch als Internet-Telefonie oder „Voice over Internet Protocol" (VoIP) bezeichnet. Hauptmerkmal: anstatt wie bei der klassischen Telefonie eine extra für das Gespräch geschaltete Leitung aufzubauen, wird bei VoIP die Sprache mit Hilfe der selben Technik übertragen, mit der auch das Internet oder andere Netzwerke Daten austauschen: Die Sprache wird digitalisiert, in kleine Pakete aufgeteilt, und dann über mitunter ganz unterschiedliche Wege über die Netzwerke transportiert, und am anderen Ende schließlich wieder in Sprache umgewandelt.

IP (Internet Protocol)

Es ist in Datennetzwerken und auch beim Internet für die logische Adressierung der einzelnen → **Clients** zuständig. Anhand von IP-Adressen kann man so jedem Client eine Adresse verleihen, die für die Versendung und das Ankommen der Datenpakete unverzichtbar sind.

Jitter

Bezeichnet die Varianz, die in der Verzögerung (➔ **Latenz**) der Übertragung von Datenpaketen auftreten kann. Ein System mit großer, aber konstanter Verzögerung kann zuverlässiger arbeiten als ein System mit kleiner Latenz, aber mit viel Jitter.

Latenz

Die Latenz bezeichnet die Verzögerung in der Übertragung von Daten.

PSTN

„Public Switch Telephone Network". Bezeichnet das leitungsvermittelte Telefonnetz. Für die Dauer eines Gesprächs wird zwischen den Teilnehmern eine dedizierte Leitung geschaltet.

QoS

„Quality of Service" bezeichnet die Dienstgüte eines Telekommunikationsdienstes. Unterstützt ein Dienst QoS, so bedeutet dies, dass die mit diesem Dienst übertragenen Daten einen Vorzug bei der Übertragung gegenüber Diensten ohne QoS erhalten.

Router

Liest ähnlich wie ein Switch die in den Datenpaketen enthaltenen Informationen bezüglich Adressat, um diese Pakete dann zum nächsten Abschnitt (Hop) des Netzwerks weiter zu senden.

RTP

„Real-time Protocol". Es sorgt in paketvermittelten Netzen für die Übertragung von Audio- und Videodaten.

SIP

„Session Initiation Protocol". Diese Protokoll-Spezifikation bezeichnet wie ➔ **H.323** einen Standard für die IP-Telefonie, und wurde von der ➔ **IETF** beschlossen. Auch SIP leistet den Verbindungsaufbau und -abbruch, bietet darüber hinaus aber auch vergleichbare Dienste wie ISDN.

SS7

Bezeichnet den Signalisierungsprozess bei der klassischen Telefonie. Der Signalisierungsprozess dient unter anderem dem Verbindungsaufbau.

Switch

➔ **Router**.

TCP

„Transaction Control Protocol". Verbindungsorientiertes Protokoll, das wie das ➔ **IP** der Übertragung der Daten über Netzwerke dient. Es bildet einen virtuellen Kanal zwischen ➔ **Clients**, auf dem dann die Daten hin- und hergeschickt werden.

VoIP

„Voice over Internet Protocol". ➔ **IP-Telefonie**.

10 Die Aktionslinie Hessen-IT

Hessen-IT ist die Aktionslinie des Hessischen Ministeriums für Wirtschaft, Verkehr und Landesentwicklung für den gesamten IT-Markt in Hessen. Hessen-IT bietet Informationen und Services zum Online-Markt, zu E- und M-Commerce, zu Software- und Telekommunikationsanbietern sowie über Telearbeit. Angesprochen werden auf der einen Seite die über 9.300 hessischen Anbieter, die Produkte oder Dienstleistungen auf dem Informationstechnologie-Markt anbieten, auf der anderen Seite die kleinen und mittleren Anwender-Unternehmen.

Anbieter-Datenbanken erleichtern die Suche nach geeigneten Dienstleistern bei der Durchführung von IT-Projekten. Gleichzeitig fungieren diese Datenbanken für Anbieter als Informations- und Kommunikations-Plattform, auf der sich diese den Anwendern und potenziellen Kunden präsentieren können.

Newsticker, E-Mail- und Print-Newsletter berichten regelmäßig über den IT-Markt in Hessen. Veröffentlichungen aus der umfangreichen Hessen-Media Schriftenreihe ergänzen das Informationsangebot der Website, das jedoch weit über das Print-Angebot hinaus geht. Die Broschüren können bequem online bestellt oder heruntergeladen werden.

Hessen-IT hat verschiedene Netzwerke und Branchentreffs initiiert, in denen sich teils nichtkommerzielle Initiativen, teils kommerzielle Anbieter zusammengeschlossen haben. Regionale Multimedia- und E-Commerce-Zentren sowie IHKs, Handwerkskammern und andere regionale Akteure arbeiten zusammen an dem Ziel, Hessens Weg in die Informationsgesellschaft voran zu bringen.

Einen Überblick über diese Netzwerke und Treffs sowie Terminankündigungen zu Veranstaltungen, an denen sich Hessen-IT beteiligt, findet man im Online-Terminkalender auf der Website. Denn auch bei internationalen Messen wie der CeBIT oder bei regionalen Veranstaltungen in ganz Hessen sind kompetente Ansprechpartner der Aktionslinie präsent. Hinzu kommen Seminare und Workshops, die Hessen-IT zu verschiedenen Themen ausrichtet.

Der monatliche IT-Dialog Hessen sorgt neben dem vielfältigen virtuellen Informationsangebot für den realen Kommunikationsaustausch innerhalb der hessischen IT-Branche und der Landesregierung und rundet somit das Leistungsangebot ab. Besuchen Sie unsere Webseiten unter

www.hessen-it.de

11 Hessen-Media: Eine Initiative setzt Zeichen

Mit der Landesinitiative Hessen-Media leistet die Hessische Landesregierung einen aktiven Beitrag zur Gestaltung des digitalen Zeitalters. Mit einem Bündel von Projekten, Initiativen und Aktionslinien ebnet sie den Weg zur Informations- und Wissensgesellschaft in Hessen.

Zielsetzung von Hessen-Media ist die Entwicklung und Verbreitung neuer Informations- und Kommunikationstechnologien und deren Anwendung in Wirtschaft, Privathaushalten und im öffentlichen Sektor, an der Schnittstelle zu Bürgern und Wirtschaft. Hessen-Media fördert Pilot- und Modellprojekte aus allen Lebens- und Arbeitsbereichen. Dazu gehören:

- Bildung und Wissenschaft
- Gesundheit
- Umweltschutz
- Verkehr
- Wirtschaft
- Verwaltung
- Gesellschaft und Soziales
- Multimedia und IT
- Kultur

In der Landesinitiative Hessen-Media arbeiten Wirtschaft, Wissenschaft und Politik gemeinsam am Ziel, Hessens Position in der Spitzengruppe europäischer Medien- und IT-Standorte zu festigen und auszubauen.

Zusammengefasst stehen für die Landesinitiative Hessen-Media bei der Projekttätigkeit und der Öffentlichkeitsarbeit vier Schwerpunkte im Vordergrund:

- Stärkung der Medien- und IT-Wirtschaft in Hessen
- Heranführung neuer Nutzergruppen an die Neuen Medien
- Verbesserung der Medienkompetenz und Qualifizierung im Umgang mit den Neuen Medien
- Marketing für den Medien- und IT-Standort Hessen

Um diese Ziele zu erreichen, konzentriert sich Hessen-Media neben der Initiierung von Pilot- und Modellprojekten auf die Planung und Durchführung von hessischen Firmen-Gemeinschaftsständen auf zahlreichen Messen der Branche, auf die Vermittlung von Medienkompetenz, die Beratung und Begleitung der hessischen Klein- und Mittelbetriebe, die Bereitstellung von Marktübersichten (beispielsweise die Online-Anbieter-Datenbank unter **www.hessen-it.de**) und eine breite Öffentlichkeitsarbeit, die über die Anwendungsmöglichkeiten interaktiver Dienste und Neuer Medien informiert.

Sind Sie neugierig auf Hessen-Media? Über unser Internetportal

www.hessen-media.de

erhalten Sie vielfältige Informationen zur Landesinitiative mit Kontaktadressen und Ansprechpartnern konkreter Projekte. Zusätzlich finden Sie dort die neuesten Meldungen aus der hessischen Medien- und IT-Branche und einen Terminkalender mit den wichtigsten Veranstaltungshinweisen. Darüber hinaus können Sie hier den kostenlosen E-Mail-Newsletter der Landesinitiative abonnieren, der für Sie alle 14 Tage kostenlos die neuesten Meldungen aus der hessischen Medienbranche/Medienpolitik in kompakter Form zusammenfasst.

Kontakt:

Geschäftsstelle Hessen-Media
c/o HA Hessen Agentur GmbH
Abraham-Lincoln-Straße 38-42
65189 Wiesbaden

Hessen Media

Telefon 0611 774-8481
Telefax 0611 774-8620
E-Mail info@hessen-media.de
Internet www.hessen-media.de

Schriftenreihe Hessen-Media

Bestellmöglichkeit und Download als PDF-Datei finden
Sie im Internet unter **www.hessen-media.de**

Hessen-Media (wir über uns)

2001 **Hessen-infoline-Netzwerk** (Band 26)

Projektdokumentation (Band 1)

Bildung und Wissenschaft

2002 **Telemedizin in Hessen - Beiträge aus dem Universitätsklinikum Gießen** (Band 24)

2001 **Entwicklung und Einsatz elektronischer Medien als Lehr- und Lernmittel an hessischen Hochschulen** (Band 27)

Kompetenzzentren und Onlinedienste im Schulwesen - Beispiele für Hessen-Media Projekte (Band 25)

2000 **Die virtuelle Universität** (Band 15)

E-Government

2002 **Auf dem Weg zu E-Government - Hessens Kommunen im Internet** (Band 37)

Wirtschaftsförderung und Standortmarketing im Internet (Band 36)

Marktstudien IT-Standort Hessen

2006 **IKT-Markt in Hessen** (Band 58)

2004 **Softwareanbieter in Hessen 2004** (Band 50)

Telekommunikationsanbieter in Hessen 2004 (Band 49)

2003 **Online-Anbieter in Hessen** (Band 2)

2002 **E-Shops in Hessen** (Band 28)

2000 **Der Telekommunikationsmarkt in Hessen** (Band 21)

Leitfäden für IT-Anwendungen

2007 **Web 2.0 – Neue erfolgreiche Kommunikationsstrategien für kleine und mittlere Unternehmen** (Band 57)

Die Gamesbranche – ein ernstzunehmender Wachstumsmarkt (Band 59)

In modernen Märkten überleben – Kooperationen mittelständischer Softwareunternehmen in Hessen (Band 44, 2. Auflage)

2006 **Internet-Marketing nicht nur für kleine und mittlere Unternehmen** (Band 52)

Basel II – Rating für IT-Unternehmen (Band 53)

RFID – Geschäftsprozesse mit Funktechnologie unterstützen (Band 54)

Anti-Spam – Ein Leitfaden über und gegen unverlangte E-Mail-Werbung (Band 55)

VoIP – Telefonieren über das Internet (Band 56)

Leitfaden Webdesign – Internetpräsenzen besser planen und gestalten (Band 7, 5. Auflage)

2005 **Leitfaden zur Patentierung computerimplementierter Erfindungen** (Band 51)

Recht im Internet (Band 33, 2. Auflage)

Gefunden werden im Internet (Band 32, 2. Auflage)

2004 **Wettbewerbsvorteile durch barrierefreie Internetauftritte** (Band 48)

Domainregistrierung international (Band 47)

Wireless-LAN: Stand und Entwicklungspotenzial, Nutzungsansätze für KMU (Band 46)

2003 **E-Business-Konzepte für den Mittelstand** (Band 45)

Leitfaden „In modernen Märkten überleben" (Band 44)

Projektleitfaden „Software-Ergonomie" (Band 43)

„Digitale Signatur", Leitfaden zum Einsatz digitaler Signaturen (Band 42)

Die Bedeutung der E-Logistik für den Mittelstand (Band 41)

Management von Kundenbeziehungen im Internet (Band 40)

Leitfaden „Webdesign – Internetpräsenzen besser planen und gestalten" (Band 7)

2002 **IT-Sicherheit für den Mittelstand** (Band 38)

E-Paymentsysteme – Bezahlen im Internet (Band 35)

ASP: Mehr als nur Mietsoftware (Band 34)

Recht im Internet (Band 33)

Gefunden werden im Internet (Band 32)

2002 **E-Learning für KMU – Neue Medien in der betrieblichen Aus- und Weiterbildung** (Band 31)

Telehaus Wetter – ein TeleServiceZentrum (Band 30)

2001 **Kasseler Praxis-Dialog Tele@rbeit – Analysen · Erfahrungen · Positionen** (Band 29)

2000 **Leitfaden „Webdesign international"** (Band 22)

E-Shop-Software (Band 20)

Hessische Handwerker entdecken das Internet (Band 19)

Leitfaden zur Anwendung eines Ratingsystems für IT-Unternehmen in Hessen (Band 18)

Software-Dialog Hessen (3) (Band 17)

Leitfaden „E-Shop" (Band 16)